50 이제는 하고 싶은 일을 하며 오늘을 산다

50 이제는 하고 싶은 일을 하며 오늘을 산다

1쇄 펴낸날 2021년 12월 10일

지은이 가네코 유키코
그림 junichi koka
옮긴이 박승희
펴낸이 정원정, 김자영
편집 홍현숙
디자인 형태와내용사이

펴낸 곳 즐거운상상
주소 서울시 중구 충무로 13 엘크루메트로시티 1811호
전화 02-706-9452
팩스 02-706-9458
전자우편 happydreampub@naver.com
인스타그램 @happywitches
출판등록 2001년 5월 7일
인쇄 천일문화사

ISBN 979-11-5536-172-6 03590

50 이제는 하고 싶은 일을 하며 오늘을 산다

가네코 유키코 지음
박승희 옮김

즐거운상상

차례

들어가며

1장

'공허함'을 채울 충전소가 필요하다

2장

食이 중요하다

3장

상황에 맞게 일상을 디자인하자

4장

주변 사람들을 받아들이자

5장

변화를 즐기자!

나오며

들어가며

여자의 인생, 중년의 시간이 길어졌다

최근 텔레비전에서 영국 엘리자베스 2세 여왕의 모습을 보았다. 1926년생인 여왕은 현재 90대. 전보다 조금 왜소해진 것 말고는 아주 젊고 건강해보였다.

'내가 어렸을 때 이미 아줌마(실례)였던 걸로 기억하는데, 어느새 할머니가 되셨네.' 그런 생각을 하다 보니 여자의 인생에서 '아줌마'로 사는 중년의 기간이 상당히 긴 것 같다.

여자가 아가씨나 언니라고 불리며 대접을 받는 것은 대략 15세에서 35세 정도까지. 35세부터 40세까지는 조금 어중간한 시기지만, 40세 이후가 되면 "이제 아줌마가 다 됐어!"라고 자기 입으로 말하게 된다. 그래도 이 무렵에는 아직 멋을 부리고 싶은 마음이 크다.

하지만 40대에 접어들고 2 ~ 3년이 지나면 점차 '아줌마'라는 용어에 익숙해지고 45세가 되면 자타가 공인하는 완전한 아줌마가 된다.

일본 여성의 평균 수명은 계속 늘고 있어서 현재 87세를 넘어 거의 90세에 육박하고 있다. 70세를 고희라고 하는 것은 '고래로 보기 드문 장수'라는 말에서 유래한 것인데 요즘은 70대에 돌아가시면 "아직 젊으신데……"라며 놀라는 것이 일반적이다.

60대는 젊고 화려해서 도저히 '할머니'라고 부르기 미안할 지경이다. 그런 상황이고 보니 후기 고령자라고 불리는 75세까지는 '아줌마'가 좋을 것 같다.

15 ~ 35(40)세까지를 아가씨, 35(40) ~ 75세까지를 아줌마라고 가정하면 여성의 아줌마, 즉 중년의 기간은 최대 40년. 아가씨 기간의 족히 두 배에 달한다.(언제부터를 아줌마로 할지는 자기 맘이지만)

54세의 완연한 아줌마인 나로서도 이 긴 '아줌마 기간'을 어떻게 잘 활용하고 즐길 것인가는 인생을 좌우하는 큰 과제라고 생각한다.

50대의 서곡은 '갱년기'에서 시작된다

나의 경우, 긴 아줌마 기간의 초반에 해당하는 40대 전반에는 바쁘고 알찬 시간을 보냈다. 힘든 일도 있었지만 육아와 직장 생활에 보람을 느끼며 일하느라 매우 즐거운 시절이었다.

학창 시절 이후 만남을 이어오던 친구들도 한 명은 싱글, 한 명은 일찍 미망인이 되었지만, 그들 역시 일과 취미로 바쁘게 각자의 영역에서 활동하고 있었다. 아마 그들도 나처럼 충만한 마음으로 40대를 보냈으리라 생각한다.

이 즐거운 기분을 그대로 간직한 채 50대에 돌입하나 싶었는데 생각지도 못한 복병이 나타났다. 말로만 듣던 갱년기 증상이었다. 아픈 곳도 없고 특별히 괴로울 일도 없었지만 왠지 몸이 나른하고 의욕이 생기지 않았다. 특히 오전 중에 더 힘들었다.

지금 생각하면 그 시작은 정확히 2011년 동일본 대지진 무렵인 46세 때였다. 일본 전체를 뒤흔든 미증유의 천재지변. 수많은 이재민들을 생각하면 '침울해져서는 안 된다, 힘을 내야 한다'고 기운을 차리려 애썼지만 지진 재해로부터 반 년 정도 지났을 무렵부터 딱 꼬집어 말할 수 없는 이상 증세를 느끼게 되었다.

일에 대한 의욕이나 효율도 떨어져 예전 속도로 원고를 쓸 수 없었다. 하루 업무량은 이전의 절반도 안 되었다. 가족들 모두 건강하고 주변과의 관계도 좋았지만 이유 없이 기분이 침울해지는 날이 계속되었다. 어느 날 문득 내가 '죽음'에 대한 생각만 하고 있다는 걸 깨달았다.

또 다른 신체 반응도 우울하게 만들었다. 기온이 조금 높은 날이면 웬일인지 손등에만 축축하게 땀이 나는 것이었다. '해열시트'를 반으로 잘라 붙여보기도 했지만 얼마 못 가 그 주위가 열로 말라붙어 떨어지기 일쑤였다.

그런 증상이 3년 정도 된 후에야 '이런 게 갱년기인가?' 하고 짐작하게 되었다. 그러고 보니 한 치의 오차 없이 정확했던 생리가 때때로 나오지 않거나 기간이 짧아지고 있었다. 곧 있으면 오십이니 '이건 갱년기 장애가 틀림없어! 산부인과 진찰을 받아보자!'라고 마음먹었다.

출산 이후 오랜만에 찾은 산부인과 의사는 30대쯤 되어 보이는 젊은 남자였다. 진찰실에서 문진을 한 후 "이게 갱년기인가요?"라고 물으니 그는 내 쪽은 쳐다보지도 않은 채 "갱년기는 아닌 것 같은데요? 그보다는 정신과적인 문제인 것 같습니다."라고 거침없이 대답하는 게 아닌가.

이 대답에 나는 웬일인지 화가 났다.

그야, 아픈 데가 없긴 하지만!?

그래도 나는 힘들다고!? 정신과!?

당신같이 젊은, 그것도 남자한테 그런 말을 듣고 싶지는 않다고!

"부작용이 적은 약을 처방해드릴 테니 상태를 좀 지켜보도록 하시죠. 검사(내친김에 암 검진도 받았다) 결과는 다음 주에 나오니까 다시 오세요."

고맙다는 인사를 하고 진찰실을 나왔지만 머리끝까지 화가 난 나는 "이따위 병원, 다시는 안 가!"하고 씩씩거리며 집으로 돌아왔다. 그리고는 정말로 다시 가지 않았다.

시간이 좀 흐르고 생각해보니 산부인과 진찰을 받을 때 내 마음이 굉장히 감정적으로 반응했던 것 같다. 의사의 진단이 어느 정도 옳았을지도 모른다. 갱년기 증상이 전혀 없었다고는 단언할 수 없지만 그 당시의 침울한 내 기분은 지진 재해를 겪으며 생긴 가벼운 우울증이었을지도 모른다.

하지만 당시의 나는 원인 불명의 침울함에 뭔가 이유가 있었으면 했다. 안으로 담아두는 성격 탓에 주변의 이해를 받지 못하고 고독감에 빠져 있던 그 마음을 누군가 알아주길 바랐던 것 같다.

나의 증상이 갱년기에 의한 것이었는지, 우울증이었는지는 결국 정신과 진료를 받지 않았기 때문에 알 수는 없다. 보통 갱년기라고 하면 안면홍조나 신경질적인 태도 등 눈에 쉽게 띄는 증상들만 거론하는 경우가 많지만, 실제로는 나처럼 불확실한 증상으로 고생하는 사람도 많지 않을까?

알 수 없는 불안과 초조 사춘기와 닮은 갱년기

그때의 불안과 초조가 무언가와 닮았다……라고 쭉 생각하다가 최근에야 알게 되었다. 그것은 바로 사춘기 때의 내 감정과 똑같았다.

몸과 마음에 큰 변화가 찾아오고 진로와 장래 문제로 고민이 많던 중고생 시절의 나와, 완전히 아줌마가 되어 제자리를 굳건히 지키고 있는 지금의 내 마음속에서 소용돌이치는 감정이 그렇게나 닮아있다는 것이 놀라웠다.

초경과 폐경은 월경이라는 한 가지 현상의 처음과 마지막이다. 월경의 에너지라는 것이 어쩌면 우리가 생각하는 것보다 훨씬 더 어마어마하고 이성으로 제어하기 힘든 정도의 힘을 가지고 있는 게 아닐까?

졸린 아이가 얼굴이 새빨개지도록 울거나 난폭하게 굴면서 칭얼대는 모습을 종종 본다. 아이는 자고 싶은데 마음처럼 잘 수 없어서 괴로운 것이다. 어른들은 "졸리면 자면 되잖아."라며 난감해하는데, 폐경도(초경도) 어쩌면 똑같은 상황일지 모른다.

여자가 아이를 낳는 능력이 막 사라지려는 찰나다.

"끝나려면 그냥 말없이 조용히 끝나면 되잖아."라고 할 수는 없다. 출산의 경험이 있는 사람에게도, 없는 사람에게도 '이런 커다란 힘과 오랫동안 잘 지내왔다! 수고했다!'라고 말해주고 싶다.

나는 그 후 2년 정도가 지나 52세에 폐경이 되었는데 그렇다고 해서 "오늘부로 갱년기 끝!"이 된 것은 아니었다. 이번에는 축하 파티도 없었다.

흐지부지 시작해 흐지부지 끝난 갱년기 속에서 나의 50대는 시작되었다.

1장

'공허함'을 채울 충전소가 필요하다

50대,
갱년기와 함께 찾아온 공허함

건강하고 체력이 좋아 잠을 적게 자도 버틸 수 있었다. 호기심 많고 여러 가지 일에 도전하는 걸 좋아했다. 스스로 생각하는 나의 40대는 그런 이미지였다. 하지만 50대가 시작될 무렵부터 이전처럼 열심히 일하지 못하게 된 내 모습에 우울한 날이 많아졌다. 마음 속에 작은 구멍이 뚫린 것 같은 느낌마저 들었다.

변함없이 할 일은 많았고 바쁘다면 바쁜 날들이었지만 어쩐 일인지 가슴 깊은 곳에 휙 하고 바람이 지나가는 일이 잦았다.

이게 뭐지?

대학생과 중학생이 된 두 아이는 어느덧 내 키보다 훌쩍 자라있었다. 늘 나의 손길이 필요하던 시기는 끝이 났고 진로 결정도, 진학 절차도 조금씩 스스로 해나가고 있다.

이제 내 힘은 필요치 않다. 아이들의 인생은 그들의 것이 되어가고 부모가 나설 자리는 별로 없다. 아이의 학교 행사다, 축구 시합 응원이다 하며 야단법석을 떨며 시간이 없어서 쩔쩔매던 시기가 있었다. 그렇게 좌충우돌하던 때를 생각하면 지금의 50대는 오히려 우아한 시기다.

아침이면 "체육복이 안 말랐어!"라고 울며 매달리는 아이도 없고 학부모회 임원 일을 맡아 고민할 일도 없다. 아침에 도시락을 싸 주는 정도만 하면 되니 시간 여유도 생겼다.

"애가 다 커서 그런가. 왠지 요즘 재미가 없어."

아이가 있는 친구와 이야기하다 보면 모두 하나같이 비슷한 이야기를 하곤 한다.

"나도 그래! 그렇게 아침부터 밤까지 우당탕거리며 온 집안을 뒤집어엎고 소란 피우던 녀석들이 어느 날 갑자기 아무도 말

을 안 해……"(삼 형제를 둔 엄마)

"집이 좁다고 불평을 해대서 증축을 했는데, 지금은 늦게까지 아무도 안 들어와. 아예 집을 줄일까 생각 중이야." (세 자매를 둔 엄마)

"남편은 계속 지방 근무 중이고 아이들은 독립했어. 요즘 내 일과 중 가장 큰 일은 강아지 산책이야." (삼 남매를 둔 엄마)

다들 육아에 쏟았던 에너지가 대단했던 친구들이다. 그렇다면 이게 바로 자녀의 자립 전후에 느낀다는 '빈 둥지 증후군'일까? 하지만 아이가 없는 친구와 이야기할 때도 조금 다르긴 하지만 비슷한 대답이 돌아왔다.

"일에만 빠져 살았고 어느 정도 성과도 있어서 그럭저럭 살 만해. 하지만 앞으로 남은 인생, 특별히 뭐가 있을까 하는 생각이 들어……"

"자유롭게 살았어. 좋아하는 일도 실컷 하고, 여행도 하고 즐거웠지. 근데 이제, 내 인생은 이게 다인가 하는 생각에 좀 허무해졌어……"

아이가 있든 없든, 일이 있든 없든, 갱년기 증상을 자각하든 못하든, 다들 이 무렵이면 마음에 구멍이 뻥 뚫리는 걸 느끼는 걸까? 갱년기는 어쩌면 여성의 몸과 마음에 나타나는 완만한 지각 변동 같은 것일지도 모른다.

그리고 바로 그 시기에 우리는 인생에서 중요한 전환기를 맞는다. 자녀가 있는 경우는 자녀가 자립과 독립을 한다. 직장에 다니거나 일을 하던 경우는 하던 일이나 사업이 자리를 잡거나, 직장에서 관리자가 되면서 후배에게 자리를 양보하고 뒤로 물러나기도 한다.

이 무렵, 조부모나 부모 등 가까운 사람을 떠나보내기도 한다. 개중에는 또래 친구나 지인이 세상을 떠나는 것을 보기도 한다.

50대는 이처럼 누구나 인생의 중요한 전환점을 맞게 된다. 지금까지의 삶을 되돌아보고 앞으로 갈 길을 멀리 내다보는, 악보로 치면 긴 쉼표와 같은 휴식기가 필요한 게 아닐까?

몸과 마음의 변화와 라이프 스타일의 변화. 그저 지금까지의 연장이라고 생각하던 인생에 갑자기 '휑한 구멍'이 뚫린 것처럼 느껴지는 것은 그 때문인 것 같다. 계단의 층계참 같은 마음 속의 공허함. 그것은 의외로 큰 틈이라서 무시해버릴 수 없다.

이 '공허함'을 채우면서 우리는 50대의 계단을 찬찬히 올라가야 한다.

뮤지컬, 아이돌, 등산?
공허함을 채우는 충전소는 다양하다

50대에 불현듯 나타나는 공허함.

그런 건 직업을 가진 사람과는 무관한 것이라 생각했다. 흔히 말하는 '빈 둥지 증후군'은 여유 있는 여자들이 시간이 남아돌아서 그런 거라고.

하지만 막상 50세가 되고 보니 꼭 그렇지만은 않은 듯하다. 직업이 있는 사람도 비슷한 공허함을 느낀다. 그 구멍은 생각 외로 커서 아무리 바빠도 일만으로는 채워지지 않는다. 50대에 생긴 '공허함'을 '일'로 메우려 애써보지만 '구멍의 형태'와 '일의 형태'가 다른 것인지 딱 들어맞지 않는 것이다.

아이가 자라 육아에서 손을 뗀 사람의 '공허함'은 더욱 큰 것 같다. 나도 기억하고 있다. 우리 형제들이 취직을 하고 결혼을 한 후 어머니가 마당에 엄청나게 많은 꽃을 심었던 것을. 정원은 사계절 내내 화려한 화원이었다. 우리가 있었을 때는 정원 손질 같은 건 할 틈도 없이 바쁘셨던 분이다.

이런 현상은 나의 친정뿐만 아니라 시가나 친구의 어머니에게서도 볼 수 있었다. 원예 대신 개를 기르기 시작하는 등 반려동물에 애정을 쏟는 경우도 있었다. 당시 엄마들은 원예나 반려동물에 그 에너지를 쏟음으로써 '공허함'을 채웠는지도 모른다. 자식을 대신하여 살아있는 생명체를 애정의 대상으로 삼았던 것일까?

50대가 가까워지면서 주변에 연극이나 뮤지컬 같은 무대 공연을 보러가는 친구들이 많아졌다. 갑자기 아이돌에 빠지는 경우도 있다. 우리 어머니 세대와는 달리 혼자서 어디든 자유롭게 다닐 수 있고 비교적 경제적인 여유도 있기 때문인 것 같다.

동갑내기 싱글 친구는 일에만 빠져 살다가 승진을 하고 집을 샀을 무렵, 갑자기 큰 병에 걸렸다. 다행히 치료가 잘 돼서 곧 회복했지만 한때 정신적으로 힘든 날들을 보냈다고 했다.

그 시기에 친구에게 힘이 되어 준 것이 어느 밴드의 음악이었다고 한다. 너무 바빠서 뭔가에 빠져본 적이 없던 친구가 이제는 젊은이들과 어울려 콘서트장에서 춤을 추고 전국 투어에 따라다니며, 출퇴근 내내 이어폰으로 그들의 음악을 듣는다고 한다. 그 밴드의 매력을 이야기할 때 생기를 띠는 친구의 표정을 보면 '그런 존재를 만날 수 있어서 정말 다행이야!'라는 생각이 든다.

나도 영화와 음악, 연극을 좋아했지만 친구처럼 푹 빠진 적은 없다. 뭐든 평균적으로 즐기기는 하지만 빠져들 정도의 대상을 찾지 못해 '공허함'이 채워지지 않은 상태였다.

앞으로 몇 년 후면 아이들도 독립해 나갈 것이다. 그때 나에게는 아무것도 남아 있지 않을지도 모른다. 내 인생이 이렇게 별 볼 일 없는 것이었나? 그런 '공허함'을 주체하지 못하고, 채울 어떤 것도 찾지 못하던 어느 날, 오랜 친구들의 초대를 받았다.

"우리도 드디어 오십이 되었네! 그 기념으로 후지산 등반 어떨까?”

“뭐, 후지산? 너희들, 옛날부터 등산하는 거 엄청 싫어하지 않았어?”

“왜 그런 생각을 하게 됐어?”

“그야, 후지산이잖아? 일본 최고의 산 아니니? 일본인이라면 한 번쯤은 올라가 보고 싶어 하잖아? 지금 안 올라가면 평생 못 올라갈 걸?”

전부터 등산을 좋아하는 사람들에게 “후지산은 높기만 하고 아무 재미도 없어.”라는 말을 들었던 터라 솔직히 마음이 내키지 않았지만 친구의 초롱초롱한 눈동자에 설득당해 함께 하기로 했다.

후지산과의 첫 만남은 금방이라도 비가 내릴 것 같은 고고메(五合目, 후지산은 아래에서 정상까지 10합목으로 나누는데, 매 합목마다 산장이 있다. 출발은 보통 해발 2,300m인 5합목에서 시작한다.)에서 시작되었다. 주차장 주변은 이미 가스로 가득 차 있었고 정상은 구름에 가려 보이지 않았다.

힘차게 걷기 시작했는데 이따금 돌풍이 불어 얼굴에 작은 돌멩이가 날아들었다.

"아얏!!"

눈과 입에 들어간 모래를 손등으로 닦아내며 점점 거세지는 비와 경사면에 맞서 싸웠다. 벌써 지치기 시작했다.

시치고메(七合目, 7합목을 지나면서 길이 험해진다.)에 이르면 산소 농도도 떨어진다. 가쁜 숨을 몰아쉬며 멈춰 섰다. 그칠 줄 모르는 빗속에서 물에 빠진 생쥐 꼴을 한 우리는 서로의 모습을 보고 웃음을 크게 터트렸다.

"…… 우리, 이런 데서 뭐 하고 있는 거니?"

지난 30년 동안 여러 가지 일을 겪은 우리다. 가족의 질병과 이별, 일하면서 생기는 난관과 고민, 큰 변화들. 어떻게 해줄 수 없는 서로의 괴로움을 지켜보았고 때로는 가까이서 나누며 지내왔다.

비옷 속으로 흘러드는 빗물을 닦으며 갑자기 그런 지난날들이 되살아났다. 신발과 손은 진흙투성이가 되었고 몸에서는 물이 뚝뚝 떨어지는 몰골로 간신히 산장에 도착해 하룻밤을 지냈다. 다음 날 새벽, 일어나 보니 비는 완전히 그쳐 있었다.

추위에 오돌오돌 떨며 하치고메(八合目) 앞에서 본 해돋이는 이 세상 풍경이라고 믿기지 않을 만큼 멋있었다. 밤 사이 바람이 헤쳐 놓은 구름은 짙푸른 색에서 보라색으로, 이윽고 붉은 장밋빛으로 변해갔다.

그 사이로 비쳐드는 여러 줄기 황금빛의 장엄함. 인간이 존재하지 않았던 태곳적부터 이 풍경은 변함없이 매일 반복되었겠지. 인간이 사는 지상은 아득히 푸르스름하고 흐릿해 보이지 않았다.

"예쁘다……."

우리는 서로의 얼굴은 보지도 않고 누구에게랄 것도 없이 중얼거렸다.

그러나 거센 강풍으로 우리는 결국 정상을 포기하고 하산할 수밖에 없었다. 하지만 그 이듬해 설욕전에 나섰고, 기어코 정상에 올랐다. 후지산 정상에서 가쁜 숨을 몰아쉬며 셋이서 손을 맞잡고 이렇게 입을 모았다.

"해냈어!! 얘들아, 우리 아직 죽지 않았어!"

후지산 정상을 정복한 기쁨은 이루 말할 수 없었다.

인생 후반전에 접어들면서 '미래'는 점점 줄어들기만 한다. 이제 할 수 있는 일이 얼마 남지 않은 것일까? 이대로 다시 무언가에 뜨거운 마음을 갖지 못하고 늙어갈 일만 남았을까?

언어화되지 않았던 막연한 불안과 체념이 내 '공허함'의 정체였는지 모른다.

그런데 지금 이렇게 내 다리로 3,776m 지점에 서 있다. 아직까지는 할 수 있는 일이 있고 할 수 있는 힘도 남아 있다. 후지산은 우리에게 그런 것을 느끼게 해주었다.

마음에 둔 일이 있다면 지금 당장 하자

50세에 후지산 등반을 하고 나서 새롭게 생각하게 된 것이 있다. 후지산 등반을 함께 한 친구들을 만날 때마다 우리는 그때 이야기를 한다.

한 친구 집에 놀러 갔더니 그녀는 후지산에 푹 빠져서 '후지산'이라는 이름이 붙은 텔레비전 프로그램을 모조리 녹화해 놓고 우리에게 보여줬다.

"아, 맞아 맞아. 저랬었지. 예뻤는데."

"진짜 힘들었어. 산소가 부족했잖아……."

그렇게 셋이서 추억을 떠올리며 후지산 영상을 보는 것은 꽤나 즐거운 일이었다.

그리고 몇 번이나 "정말 그때 올라가길 잘했어. 앞으로는 못 올라갈지도 몰라."라는 말을 반복했다.

확실히 50대는 큰 병에 걸리거나 체력이 떨어져도 이상할 게 없는 나이이다. 사실 동년배의 동료 중에는 더 이상 등산을 못 하는 사람들이 있다. 영원히 예전과 같을 수는 없는 노릇이다.

그렇게 생각하자 "후지산만 그런 게 아니잖아. '언젠가 해야지'라고 생각만 하고 못한 일이 몇 개 있었지. 앞으로 영영 못하게 된 일도 분명 있을 거야. 지금이라도 목록을 써서 실천해 나가야겠어!"라는 마음이 솟아올랐다.

평소에도 '하고 싶은 일'을 늘 수첩 한 귀퉁이에 써두곤 했다. '올해 안에 하고 싶은 일', '아이가 ○살이 되면 하고 싶은 일', '10년 안에 하고 싶은 일' 등등. 그런 생각을 하는 게 매우 즐거웠고 수첩에 적어놓고 실천한 것도 많다.

하지만 몇 년 동안 '내년에는 꼭', '언젠가 반드시'라고 생각만 하고 이루지 못한 것이 여러 개 있다. 그것들을 한 줄로 늘어놓고 살피다가, 빨리 시작하지 않으면 안 될 일들이 있다는 것을 깨달았다.

그것은 바로 **'체력이 필요한 일들'**이다.

나는 운동 신경은 떨어지지만 체력은 비교적 좋은 편이다. 하지만 언제까지나 지금과 같은 체력을 유지할 수는 없다. 아직 건강하고 근력이 남아있는 지금 우선적으로 해야 하는 것이 있다는 것을 실감했다.

지금은 건강하고 자립적으로 생활하는 부모님도 앞으로 더 연로해지면 내가 간병이나 그 외 여러 일을 돌봐드려야 한다. 그렇게 되면 아무래도 내가 하고 싶은 일은 뒤로 미룰 수밖에 없다. 결국 하고 싶은 일을 할 수 있을지 어떨지는 나의 건강뿐 아니라 부모님의 건강과도 관계가 있다는 것을 깨달았다.

그리고 미뤄두었던 하고 싶은 일들을 하나씩 꺼내 보았다.

40대 후반부터 레슨을 받고 있는 재즈 코러스는 조금 더 나이가 들어도 할 수 있을 것이다. 수공예나 독서는 집에서 혼자 할 수 있다.

서둘러서 해야 할 것은 체력이 필요한 일 외에도

- **멀리 가야 하는 것**
- **지식이나 장비 또는 돈이 필요한 것이 우선 순위**라는 것을 알았다.

부모님을 봐도 나이가 들면 외출 한 번 하는 것도 귀찮아진다는 것을 알 수 있다. 현역에서 은퇴해 수입이 없어지면 연금이나 저축한 돈으로 생활해야 하니 아무래도 하고 싶은 것을 마음껏 하기 어렵다.

이렇게 해서 나는 '하고 싶은 일 중에서 빨리 해야 할 것'을 고르는 일에 열중하기 시작했다.

‘평생 동안 하고 싶은 일’ 정리하기

1. ‘언젠가는 해야지’ 생각만 하고 아직 못한 일, 사는 동안 하고 싶었던 일을 적어본다.
2. 우선순위가 높은 것(체력이 필요한 것, 멀리 가야 하는 것, 지식이나 도구, 돈이 필요한 것 등)에 체크(✔) 표시한다.

□ 후지산 등반

· 내 손으로 가구 만들기

· 퀼트로 침대 커버 완성하기

· 내 홈페이지 만들기

□ 아프리카 사바나에서 야생 동물 보기

□ 자전거로 친정까지 가기

· 이상적인 나만의 정원 만들기

□ 해외 크루즈 여행

□ 시코쿠 오헨로 여행

· 자서전(어머니, 아버지의 전기) 쓰기

□ 풀코스 마라톤 출전하기

□ 이주(해외, 국내) 하기

· 내 연구를 논문으로 정리하기

□ 영화 찍기

□ 뮤지컬 무대에 서 보기

· 좋아하는 스타와 만나기

· 그 사람과 재회하기

□ 마음에 걸렸던 일 해결하기

· 미뤄뒀던 결혼식 올리기

· 지금까지 찍은 사진과 앨범을 편집해 정리하기

· 지금까지 받은 편지를 편집해 정리하기

· 가계도 만들기

□ 악기 시작하기

□ 농사 시작하기

□ 사냥 시작하기

□ 도예 시작하기

□ 베 짜기 시작하기

□ 댄스 시작하기

□ 남편과 차박 여행하기

□ 부모님 효도여행 모시고 가기

· 반려동물 기르기

· 매실 절임(된장) 만들기

□ 가지고 있는 옷 정리하기

□ 가지고 있는 책 정리하기

□ 전국 답사하기

□ 다도나 꽃꽂이 등의 자격증 따기

50대에 꼭 도전해보고 싶은 아웃도어 세 가지

30대 후반 무렵, 둘째인 아들을 키우면서 야외로 데리고 나가는 일이 많아졌다. 하이킹이나 해수욕을 하러 다녔고, 여행도 도시보다는 자연이 풍요로운 곳으로 갔다. 몸이 좀 약했던 큰 딸 때는 야외활동을 자주 하지 않았지만 건강한 작은 아이에게는 다양한 자연을 체험하게 하자는 의무감도 어느 정도 있었던 것 같다.

그러던 중, 아이를 데리고 야외로 나가면 가장 즐거워하는 사람이 다름 아닌 나라는 사실을 알게 되었다. 울창한 숲속이나 물가에 있으면 전날까지 바쁘고 피곤했던 몸에 신기하게도 기운이 솟았다.

바다든 산이든 야외로 나가면 체력이 소모된다고 생각했는데 실제로는 반대였다. 나는 자연 속에 있어야 에너지가 충전되는 타입이었던 것이다. 아마 아웃도어 경험이 많지 않아서 그런 사실을 미처 깨닫지 못했던 모양이다. 나 같은 이들도 의외로 많지 않을까 싶다.

생각해보면 내가 태어나 자란 곳은 북간토 지방(간토지방은 혼슈 중앙 동쪽에 위치하며, 북간토는 도치기 현, 군마 현을 이른다.)의 농촌 마을. 나무와 풀 이름을 잘 알고 벌레를 봐도 아무렇지 않다. 실은 야외활동이 적성에 맞았던 것이다.

일찌감치 자신의 성향을 파악하지 못한 여자들은 사귀는 남자나 결혼 상대가 야외활동을 싫어하는 경우, 본인이 야외활동을 좋아한다는 사실을 모른채 살기도 한다.

우리 집의 경우에도 남편은 피아노와 바둑이 취미인 인도어파(실내파). 아이가 없었더라면 나는 평생 나의 성향을 깨닫지 못하고 살았을지도 모른다.

그 후로 나는 아이들을 핑계 삼아 아웃도어를 즐기게 되었다. 자연농법 논에서 김매기를 하거나, 경치 좋은 만에서 스노클링을 하거나, 스노 슈즈를 신고 홋카이도의 설산을 오르기도 했다.

그 모든 것이 내가 인도어파라고 착각하고 있을 때는 생각지도 못했던 경험들이다. 그 무렵 아이들과 자연 속에서 마음껏 즐길 수 있었던 것은 정말 행운이었다.

하지만 아이가 다 크고 더 이상 함께 노는 시간이 없어지자 나는 다시 아웃도어에 대한 흥미를 잃고 말았다. 원래부터 바다, 산, 캠핑 등 야외활동을 즐기던 사람이라면 여자 혼자라고 못 갈 건 없겠지만 나는 그런 정도는 아니었다.

아이들과 함께도 아닌데 아웃도어를 싫어하는 남편에게 같이 가자고 말하기도 싫고(내가 즐겁지 않고), 어떻게 하면 좋을까?

체력이 받쳐 줄 때 바다와 산을 더 즐기고 싶다는 생각은 있었지만 한편으론 '이 나이에 아줌마가 혼자서 아웃도어라니 바보 같은 소리지……'. 그렇게 내 본심을 덮어버린 사이에 오십이 되었다.

그러나 후지산 등반을 계기로 '체력과 기력이 있는 지금, 하고 싶은 걸 하자'라고 결심하고 가장 우선순위로 선택한 일은 아웃도어였다. 그 중에서도 다음 세 가지로 압축해 버킷 리스트에 올렸다.

1. 캠프와 모닥불

2. 자전거 여행

3. 서핑

전부 50대 아줌마가 혼자 하기에 다소 힘든 활동이고 경험도 없는 것들이다. 하지만 '하고 싶으니까, 아직은 할 수 있을 거야. 이것을 내 50대의 도전으로 삼자' 그렇게 마음먹었다.

그때는 미처 몰랐지만 '자연 속에서 지내는 것'이 나에게는 '공허함'을 채우는 최고의 방법이었던 것 같다. 꼭 성공하지 못하더라도, 멋있게 해내지 못하더라도, 아무것도 하지 않고 '그때 할 걸 그랬어'라고 후회하는 것만은 하지 말자.

그런 생각으로 버킷 리스트를 하나하나 착실하게 실천한 과정을 적어본다.

여자들도 캠핑, 불멍 좋아해

지금 살고 있는 곳은 일반 주택가의 연립주택. 우리 집 전용 정원도 없고 근처에 자연적인 요소도 별로 없는 조금은 삭막한 환경이다. 가끔은 자연 속에서 한가로이 지내고 야외에서 밥도 먹고 싶었다. 하지만 아이가 다 커버린 지금, 내게는 캠핑을 함께 갈 친구가 한 명도 없다.

함께 할 사람이 없다는 것은 새로운 일을 도전할 때 큰 장애가 된다. 캠핑을 하고 싶다는 나의 의욕도 그 점 때문에 좀처럼 실현되지 못하고 있었다. 일부에서는 '나 홀로 캠핑'이 유행하지만 그 정도까지의 용기는 없어서(어둠 속에서 혼자 화장실 가는 게 무섭다) 여러 친구에게 말을 붙여보았다.

"있잖아, 캠핑하러 안 갈래?"

하지만 사람이 모이질 않았다.

"벌레, 싫어."

"더워."

"추워."

"호텔에서 자고 식당에서 밥 먹자."

여자들 중에 아웃도어를 좋아하는 사람이 적은데다가 아이들을 다 키운 오십의 중년 여성들이 새삼스럽게 캠핑을 하고 싶어 하는 경우는 별로 없었다. 더구나 일정과 시간까지 맞는 사람을 찾기란 더욱 어려운 일이었다.

어렵사리 실행에 옮기려고 한 적도 있었다. 그러나 무슨 이유에서인지 캠핑장 예약을 한 날이면 폭우가 쏟아지거나 한파가 닥쳤다. 주도면밀하게 계획을 세운 캠핑이 실행 직전에 두 번이나 좌절되었다.

하지만 그 후로도 아웃도어에 관한 책이나 잡지를 읽고 인터넷상의 아웃도어 사이트를 보며 정보를 수집하는 등 끈질기게 기회를 엿보고 있었다. 아울러 친구들을 모아 바비큐 파티를 하고 이웃 엄마들과 야외 훈제 파티를 여는 등 데이 캠프 형식으로 조금씩 야외 놀이에 적응해갔다. 안 쓰는 텐트와 침낭을 얻어오고 아웃도어 숍의 땡처리 제품 중에서 캠핑 소품을 구매하는 등 장비도 차곡차곡 마련했다.

그리고 마침내 캠프에 같이 갈 친구가 나타났다. 10월의 저녁은 쌀쌀해 텐트 숙박은 포기하고 코티지를 예약했다. 조명과 에어컨이 딸려 있어서 약간 흥이 깨졌지만 그래도 코티지 앞에서 모닥불을 피우고, 바비큐를 하고, 집에서는 못하는 훈제 요리도 해보고, 해먹에 누워 밤하늘을 바라보는 등 하고 싶었던 것을 모두 다 할 수 있었다. 이제야 간신히 내 힘으로 캠핑에 성공한 것이다.

캠핑이란 여행의 확대판으로, 생활을 고스란히 야외로 옮겨와 재구성하는 놀이이다. 사람에 따라서는 별 의미없는 행위로 느껴질지도 모르지만, 늘 사용하는 편리한 도구 없이, 쾌적한 집에서 벗어나, 먹고 치우고 잠들다보면 평소에 보이지 않던 것이 보이고 정말 중요한 것이 무엇인지 깨닫게 된다는 점에서 큰 의미가 있었다.

물론 아웃도어 모임에 참가하면 손쉽게 캠핑을 즐길 수도 있지만 그러고 싶지는 않았다. 요령이 없어도 재주가 없어도 스스로 생각하고 직접 하지 않으면 재미가 없다.

특히 남성이 있는 모임에 참가하면 텐트치기나 불 피우기 같은 힘든 일을 대신 해주는 경우가 많은데, 사실은 그 일이 캠핑에서 가장 재미있는 부분이다.

그래서 나는 되도록이면 여자들끼리 해보기로 마음먹었다. 최근에는 여자 10명(모두 40~50대)이 모여 모닥불 캠핑을 했다. 장작은 고향에 있는 내 소유의 산(자세한 내용은 제5장 참조)에서 가져왔다.

모닥불에는 신기한 매력이 있다. 흔들리며 타들어가는 모닥불을 보며 불을 꺼뜨리지 않도록 장작을 지피고 있으면 뭐라 말할 수 없이 마음이 온화해진다. '불멍'의 효과야말로 진짜 불이 가지고 있는 힘일지도 모른다.

처음 만난 사람도 있었지만 금세 허물없는 사이가 되었고 각자 가지고 온 것을 불에 굽거나 은박지에 싸서 모닥불에 구워 먹는 게 즐거웠다. 이번에 알게 된 사실은 여성들도 모닥불을 좋아한다는 것이다. 대부분의 사람들이 "또 해요!"라고 말했다.

장마 전이라 벌레가 없었고 맛있는 먹거리가 많았던 것이 흥행 요인이었던 것 같다. 캠핑이나 불을 다루는 경험은 즐거운 놀이이기도 하지만 재난 대비책도 된다. 다음에는 가을에 한 번 캠핑을 할 예정이다.

50Km 자전거 여행에 도전

대학에 입학한 큰아이가 교내 자전거 여행 동아리에 들어가 로드바이크(스피드가 빠른 스포츠 자전거)를 타기 시작했다.

로드바이크는 가볍고 빨라서 어디든 갈 수 있을 것 같았다. 자동차처럼 기름도 차량 검사도 필요 없고 바람처럼 자유롭다. 너무 부러운 나머지 남몰래 '나도 자전거를 타야겠어! 자전거 타고 바다, 그 중에서도 소토보 해변(치바현 남동부 보소반도의 바깥쪽 해변)에 가보자!'라는 목표를 세웠다.

그러나 우리 집에는 튼튼하지만 아주 무거운 '아줌마용 자전거' 밖에 없었다. 게다가 내 것도 아니고 아들이 축구 연습을 하러 다닐 때 타는 것이다.

멋진 자전거를 갖고 싶은 마음은 굴뚝같았지만 평소 나의 원칙 중 하나가 '갖고 싶은 게 있다면 먼저 지금 가지고 있는 것으로 도전해 보고 나서 살 것. 기껏 돈 들여 샀는데 쓰지 않고 처박아 두면 곤란하니까!'이다.

우선 왕복 50㎞ 거리의 늪지까지 지금 있는 아줌마용 자전거로 갔다 올 수 있다면 나를 위한 자전거를 사기로 마음먹었다. 하지만 그런 체력이 내게 있을까?

예상과 달리 내 체력은 아직 쓸 만했다. 테스트 삼아 근처의 루트를 이용해 주행에 도전했다. 50㎞의 완만한 구릉지를 하루 만에 주파했는데도 다음날 근육통이 없었으므로 목표 달성. 나는 의기양양하게 자전거 가게로 달려갔다.

하지만 딸에게 들으니 몇 백만 원씩 하는 로드바이크는 도난이 잦아서 자전거를 타고 밖에 나가면 자전거에서 눈을 뗄 수가 없다고 한다. 생각보다 자유롭지 못하다…….

그래서 속도는 빠르지 않아도 크기가 적당하고 수리하기 쉬운 접이식 미니벨로로 정했다. 가격은 55만 원 정도. 이 정도면

만일 도난을 당하더라도 속 쓰리지만 단념할 수 있는 금액이다. 어쨌든 가볍고, 접으면 소형차에도 실을 수 있고, 전용 백에 넣으면 전철에도 가지고 탈 수 있어 운반도 가능하다. 아줌마는 현실적이어야 한다.

그날부터 자전거의 대활약이 시작되었다. 구입 며칠 후에는 난생 처음 자전거를 타고 친정집에 갔다. 근처의 자전거 도로도 달리고, 옛길에 세워져 있는 불상들을 하나하나 사진 촬영하는 등 자전거 덕분에 자동차로는 불가능한 소소하고 즐거운 여행을 많이 했다.

그리고 최근에 전부터 계획했던 소토보 쿠주쿠리(外房九十九里, 치바 현의 쇼난 해안으로, 서퍼들의 천국으로 유명하다) 해안까지 자전거로 가는데 드디어 성공했다.

맑게 갠 기분 좋은 가을날이었다. 도쿄만 해안 지역의 우리 집에서부터 50㎞ 거리, 여러 차례 지도로 루트를 찾아보고 고저 차와 교통량을 고려한 끝에 5시간 이내 도착을 목표로 출발했다. 물론 몇 번이나 길을 잃고 헤매느라 5시간을 조금 넘겼지만 지도에 표시한 목표 지점에 도착했을 때는 혼자 소심하게 두

주먹을 불끈 쥐고 승리의 포즈를 취했다.

생각보다 고저 차가 심해서 허벅지가 땡땡해지고 무릎은 부들부들 떨렸지만 혼자만 아는 작은 도전에 승리했다는 기쁨에 돌아오는 전철 안에서는 연신 웃음을 멈출 수가 없었다.

서핑은 다음 생에?
아니, 이번 생에 할 수 있어!

캠핑과 자전거까지는 그렇다 치고 '서핑'은 역시 무리겠지? 예전에는 그렇게 생각했다. 어쨌든 나는 맥주병이니까. 수영은 못하지만 서핑 영상을 보는 건 아주 좋아했다. 젊은 사람들이 많이 모이는 레스토랑 바 같은 곳에서 벽 모니터로 자주 볼 수 있는 영상 말이다.

그것을 보고 있으면 어느새 화면의 서퍼와 한마음이 되어 파도를 타는 듯한 생각이 들고 아주 기분 좋은 황홀감이 느껴졌다. 집채만 한 큰 파도에 맞서 초록빛 유리 같은 물의 터널을 뚫고 화려하게 파도를 타는 서퍼의 모습을 보고 있으면 언제나 눈물이 날 정도로 감동스러웠다.

정말 아름답지 않은가! 이런 걸 할 수 있는 인간이라니, 대단하다! 하지만 서핑 기술에 대한 지식도 없고 서퍼의 이름조차 잘 모른다. 바다가 없는 산촌 지역에서 자랐기 때문에 허리 높이보다 깊은 바다로 나간다는 건 상상도 못 할 일이다.

동경하고는 있었지만 서핑 같은 건 내 인생과 무관한 것, 평생 접할 일이 없는 것이라고 생각하며 살았다. 그래서 오랫동안 '다음 생에서는 서핑을 할 거야'라고 농담조로 말하곤 했다. 거기에는 동경과 체념이 섞인 자조가 담겨있었다.

그런데 최근 들어 생각이 바뀌었다.

'다음 생이 아니라 이번 생에 하면 되잖아?'

'서핑보드 위에 서는 건 역시 너무 어려워. 하지만 바디보드에 매달려 있는 건 할 수 있지 않을까?'

어떻게든 이번 생에서 파도를 타보고 싶었다. 그런 생각을 하게 된 계기는 50이 넘어 수영 배우기에 도전하면서이다. 그럭저럭 수영을 할 수 있게 되자마자 나는 '시니어에게 강습해주는 바디보드 교실'을 찾았다. 요즘은 스포츠 인구도 고령화되었기 때문에 찾아보니 있었다. 보드와 슈트 대여도 해준다고 한다. 좀 부끄러웠지만 전화를 했다.

"저, 여보세요. 제가 50대인데요……"

바디보드 교실을 운영하는 서핑 숍 주인은 흔쾌히 접수를 받아주었다.

9월의 흐린 평일 날, 두근거리는 마음으로 해변의 서핑 숍을 찾아가 예약한 사실을 알렸다. 다른 수강생은 없었다. 구릿빛으로 그을린 아름다운 여성 강사는 살짝 놀라더니 얼른 표정을 감추고 장비를 골라 주었다.

강습은 초보자용 서핑 포인트에서 이루어졌다. 난생 처음 입어보는 서핑 슈트와 핀을 장착하고 바다에 들어갔다. 발이 닿지 않는 곳까지 들어가는 것도 처음이었다. 하지만 보드 덕분에 물에 빠지지는 않는다.

오들오들 떨면서 바다를 뒤돌아보며 파도를 기다리는데 바로 근처에서 물고기가 펄떡거리며 튀어 올랐다. 아, 내가 진짜 바닷속에 있구나…….

회색빛 파도가 잇따라 먼 바다로부터 밀려들었다. 하지만 어느 것이 탈 수 있는 파도인지 알 수 없었다. 강사가 어깨를 미는 타이밍에 맞춰 '이거다' 하고 파도에 올라탔다. 짜디짠 파도가 머리에서부터 왈칵 쏟아져 내렸고 나는 하얀 거품과 함께 모래 위로 미끄러져 들어왔다.

아마 남들이 본다면 뭘 하는지 모를 수도 있겠지만, 나는 즐거웠다! 그 과정을 몇 번이고 반복했고 한 번 정도는 내 힘으로 파도를 탔던 것 같다.

흐린 하늘에서 조금씩 비가 내리고 있었지만 신경 쓰지 않았다. 그야, 난 바닷속에 있으니까. 역시 오길 잘했다. 해보길 잘했다! 기쁜 마음에 몸이 따뜻해져왔다.

강습 중 휴식 시간에 강사가 조심스럽게 물었다.

"처음 하시는 거죠? 어떻게 도전하시게 됐어요?"

"옛날부터 꿈꾸던 건데, 살아있는 동안 해보자고 결심했죠."

"그렇군요……."

안심했다는 듯 강사는 말을 이어갔다.

"얼마 전까지 60대 수강생이 강좌를 들었어요. 암으로 투병

중인 환자였죠. 시한부 선고를 받고, 가네코 씨처럼 예전부터 해보고 싶던 서핑에 도전하기 위해 이 해변 마을로 이사를 왔대요. 엄청 열심히 연습했기 때문에 놀라울 정도로 실력이 늘었어요. 그 분은 매일이 즐거워 보였어요.

해변에서 지내시면서 운영하던 사업체도 정리하고 남겨진 사람이 곤란해지지 않도록 주변을 잘 마무리하셨어요. 돌아가시기 몇 개월 전까지 서핑을 즐겼는데, 그 일을 제가 도울 수 있어서 정말 다행이라고 생각해요."

나는 시한부 선고를 받고 이곳에 온 것은 아니지만 이야기 속 암환자의 마음을 알 것 같았다. 얼마 남지 않은 시간 동안 충실하게 살았던 그 분의 이야기가 남의 일이지만 진심으로 기뻤다.

해보고 싶은 일이 있다면 미루지 말고 이번 생에서 해보자. 반드시 할 수 있고, 어렵더라도 뭔가 방법이 있을 테니까. 어느새 비가 그치고 돌아오는 길에 차를 운전하면서 나는 다음번에 올 날짜를 생각하고 있었다.

수영 배우길 참 잘했어

이 글을 쓰는 지금으로부터 대략 1년 전의 나는 '맥주병'이었다. 보다 정확히 말하면 '물에는 뜨는데 앞으로 나가지 못하고 숨도 쉬지 못하는' 사람이었다.

그런데 작년 봄, 생각난 김에 근처 스포츠 센터에서 수영 회원권을 끊었다. 수영을 못하는 사람도 물속에서 움직이는 것만으로 많은 칼로리를 소비할 수 있다는 이야기를 듣고 갑자기 의욕이 생겼기 때문이다.

갱년기 여성의 전형적인 증상일지도 모르지만 최근 몇 년 사이에 체중이 엄청 늘어난 상태였다. 아침 5시부터 달리던 슬로 조깅을 동일본 대지진 이후로 그만두고 나서부터는 더욱 관록이 붙어서 오랜만에 만난 친구들도 깜짝 놀라는 정도였다. 더구나 우리 집은 조상 대대로 고혈압 가족력이 있다. 슬슬 체중을 줄이지 않으면 큰일 날 것 같은 느낌이 들었다.

수영장은 자전거로 7~8분 거리여서 다니기에 좋았다. 처음에는 비트 판을 잡고 첨벙거리기만 하는 수준이었지만 여름이 오고 수영장에 있는 시간이 길어지자 몸이 물에 적응을 했는지 오랫동안 하지 못하던 숨쉬기를 어느덧 할 수 있게 되었다!

정말 기뻤다. 이 나이에 새롭게 할 수 있는 일이란 게 별로 없을 거라고 생각했는데 헤엄을 칠 수 있게 되니 우쭐해지기도 했다. 하지만 낮 시간에 수영장 가는 시간을 확보하는 게 여의치 않아 야간 강습으로 바꿨다.

생각해보면 아이들은 동아리 활동이다 아르바이트다 해서 늦게 들어오고 남편은 만년 야근하는 아저씨라 혼자 저녁밥을 먹는 경우가 많아졌다. 그럼에도 늘 그랬던 것처럼 '아이들이 돌아오는 저녁에는 집에 있어야지'라고 생각했는데, 이제는 엄마로서의 책임은 거의 사라지고 없었다.

다른 시간에 집에 오는 가족들이 각자 데워먹을 수 있도록 저녁 식사를 1인분씩 차려두고 수영장으로 향했다. 40분 정도 수영을 한 후 수영장에 딸려있는 샤워실에서 씻고 돌아오면 오늘의 정리와 내일의 준비를 하고 자기만 하면 된다.

저녁 메뉴는 '치쿠젠니(뿌리채소와 닭고기를 함께 조린 음식, 닭고기 토마토 조림 등)', '가츠니(튀긴 돈가스를 조린 후 달걀을 풀어 익힌 것)', '치킨 난반(닭고기를 튀긴 후 간장 소스에 절인 요리)' 같은 간단한 것으로 준비하고 '튀김'과 '생선구이'처럼 바로 조리해서 먹어야 맛있는 음식은 주말에만 만들었다.

가족들은 "엄마가 드디어 운동을 하네"라며 기꺼이 도와주었다. 아이들이 스스로 뜨거운 물을 받아 목욕하고, 설거지도 하고 (항상 그랬던 것은 아니지만), 내가 없어도 별 어려움 없이 지낸다는 게 무엇보다 감사한 일이었다.

이런 스타일로 바꾸고 난 뒤 수영장을 중심으로 하루가 잘 돌아가게 되었다. 밤에 운동을 한다는 건 지금까지 생각지도 못했던 라이프 스타일이었다. 하지만 주로 집에만 있던 나로서는 수영 강습 덕분에 하루를 탄력 있게 보낼 수 있게 되었다. 그전까지는 가족을 기다리며 늘어져있던 나였으니까 말이다.

무엇보다 몸 상태가 좋아졌다. 오십을 전후해 아침에 일어나면 손가락이나 몸이 어딘지 모르게 뻣뻣해서 부드럽게 움직이기까지 시간이 걸렸는데 수영장을 다니면서부터는 마치 기름칠을 한 것처럼 부드러워졌다. 어깨 결림도 가벼워졌다.

이제는 수영 실력도 꽤 늘어 매번 1000m 이상을 자유형으로 천천히 헤엄치고 있다. 처음에는 잘 안 되던 배영도 최근에 할 수 있게 되었다. 이렇게 되니 정말 신났다!

몸무게에 관해 말하자면, 처음 시작할 때는 그야말로 순조롭게 줄어들었다. 수영장을 다닌 지 3개월이 지나자 점점 정체 상태로 있다가 그 후에는 거의 변화가 없다. 그 부분이 조금 실망스럽기는 하지만, 체지방이 줄어든 걸로 봐서 근육량은 늘고 있는 것 같다. 근육량이 줄어 체중이 주는 것보다 바람직하므로 그걸로 됐다고 생각하고 있다.

유난히 아줌마에게 상식적인 것을 요구하는 사회

나도 50이 넘어 이런 걸 해도 괜찮을까? 살짝 불안할 때도 있다. 아니, 뭔가 시작하기 전에는 항상 불안하다.

'나잇살이나 먹어서 뭐하는 거야?'라고 남들이 뭐라 하지 않을까?

당연히 그런 생각을 할 것이다.

후지산 등반이나 수영장에 다니는 건 괜찮다.

'50세 기념으로', '노후의 건강을 위해서'라고 말하면 꽤 괜찮은 이유가 되고, 하는 사람도 많으니까.

하지만 '아줌마용 자전거로 바다까지 가겠다'거나 '모닥불을 피우고 싶다', 급기야 '서핑을 하고 싶다'는 이야기를 하면 주변의 대부분은 기막혀한다.

"그런 건 10대나 20대 때 하는 거 아니야? 이제 와서 왜?"

물론 나도 10대나 20대에 도전했더라면 더 즐거웠을 것이라고 후회하고 있다. 하지만 그때는 생각조차 못했으니 어쩔 수 없다.

같은 나이의 아저씨가 그런 희망을 말하면 어쩌면 너그럽게 받아들일지도 모른다.

"젊은 시절의 꿈을 이루고 싶은 거구나."

"자기가 아직 할 수 있다는 걸 증명하고 싶은 거구나."라며 공감과 응원을 해줄지도 모른다.

하지만 아줌마가 하면 얘기가 좀 달라진다. 아줌마는 '괴짜'가 되면 안 된다. 왜 그런지 모르겠지만 세상은 아줌마에게 유난히 상식적인 것을 바라고, 가장 안전한 장소에 있기를 원하는 것 같다. 그것은 세상이 '엄마'에게 요구하는 것과도 겹친다.

그렇다면 아줌마는 미지의 체험에 대한 도전과 모험을 하면 안 되는 것인가? 그걸 하고 싶어 하는 나는 엉뚱한 괴짜일까? 아니다! 나는 괴짜가 아니라고 생각한다. 물론 내 입으로 그렇게 말해봐야 그다지 설득력이 있을 것 같지는 않지만.

나는 불심검문을 받은 적도 없고, 맞은편에서 오는 사람을 깜짝 놀라게 할 만한 모습을 하고 있지도 않다. 선거도 납세도 빠뜨린 적이 없고 학부모회나 자치회 일도 나름대로 해내고 있다. 이웃이나 거래처 사람들과도 원만하게 아주 잘 지낸다. 그냥 가끔씩 아줌마답지 않은 일을 하고 싶을 뿐이다.

그런 나는 사실 내 나이가 50이 아니라 열 살이라고 생각하고 있다. 물론 누구에게도 말하지 않지만.

혹시 스무 살 때 이런 생각을 한 적이 없는가?

"스무 살이면 좀 더 어른일 줄 알았는데."라고.

이 말이 서른이 되었을 때도, 마흔이 되었을 때도 머릿속에서 맴돌고 있지 않았는가?

나는 그랬다. 지금도 같은 말을 중얼거리고 있다. 우리 어머니(현재 81세)는 "니가 지금 몇 살이지? 뭐? 쉰넷!? 그럼 나는 여든인가!? 말도 안 돼."라며 늘 놀라시곤 한다.

어느 순간부터 나는 생각했다.

'지금 내가 사물을 보는 관점과 사고방식은 대략 열 살 무렵과 거의 같다. 나이가 들면서 성장하고 변한 것도 있지만 대부분은 열 살 때와 변한 게 없다. 스무 살이 되고 서른 살이 되어도 나이를 실감할 수 없었던 게 당연하다. 내 안에는 언제나 열 살 아이가 있었으니까.'

실제로 출생 직후 400g이던 인간의 뇌가 성인의 뇌 무게인 1400g이 되는 게 열 살 무렵이라고 하니 내 감각이 틀리지 않았을지도 모른다.

취직을 하고, 결혼을 하고, 아이가 태어나도 내 안의 열 살짜리는 사라지지 않았다. 다만 다른 사람들에게 들키지 않으려고 노력해 왔다. 감쪽같이 '어른인 척' 해 왔던 것이다. 그래서 사회생활을 하면서도 이렇다 할 불편을 느낀 적은 없다.

집에서 종종 전화를 받고 있으면 아이들이 "엄마, 평범한 어른 같아"라며 웃는다.

"그야 당연하지. 평범한 어른인 척, 잘 하잖아."

아이의 학교 면담이 있을 때면 그럭저럭 격식을 갖춰 차려입고 화장을 한 후 “그럼, 훌륭한 엄마인 척하고 가 볼까?”라며 나간다. 면담하는 선생님께 “항상 저희 아이를 잘 돌봐주셔서 감사합니다.”라고 인사하면서 ‘이 사람도 훌륭한 선생님인 척하고 있지만 속은 열 살일지도 몰라.’라는 생각을 한다.

그렇다고 54세인 실제의 내 나이를 잊은 적은 없다. 나날이 약해져가는 체력과 기미, 주름이 좋든 싫든 그것을 알려준다. 하지만 나의 한편에는 여전히 열 살 아이가 있다. 그래서 가끔 이상한 일을 생각해내서 하고 싶어지고, 안 가본 곳에 가고 싶어 하고, 못 봤던 것을 보고 싶어 한다. 아마 80세가 되어도 그것은 변하지 않을 것이다.

내 안의 열 살, 그것은 ‘아이’ 그 자체, 생명력 그 자체이다. 모든 것을 신선하게 느끼고, 놀라고, 침착하지 못하며, 감정적이고, 합리적이지 못하지만 항상 생기가 넘친다.

그 아이 때문에 가끔 덜렁거리며 실수도 하지만 동시에 아무리 나이를 먹어도 엉뚱한 생각을 하고 설레는 마음을 잃지 않는다. 그 아이가 사라지면 나는 순식간에 나이를 먹어 삶의 생기를 잃게 될지도 모른다.

나는 54세인 척하고 있지만 그것은 사는 게 힘들어지지 않기 위한 방편이다. 되도록이면 사람들이 놀라거나 곤란해 하지 않도록, 앞으로도 남몰래 열 살로 살아갈 작정이다.

당신에게 딱 맞는 '공허함' 채우는 법

마음속에 작은 구멍을 느끼는 사람도, 그렇지 않은 사람도.

인생 후반을 즐기기 위해 내게 맞는 방법을 확인해 보세요.

→ Yes → No

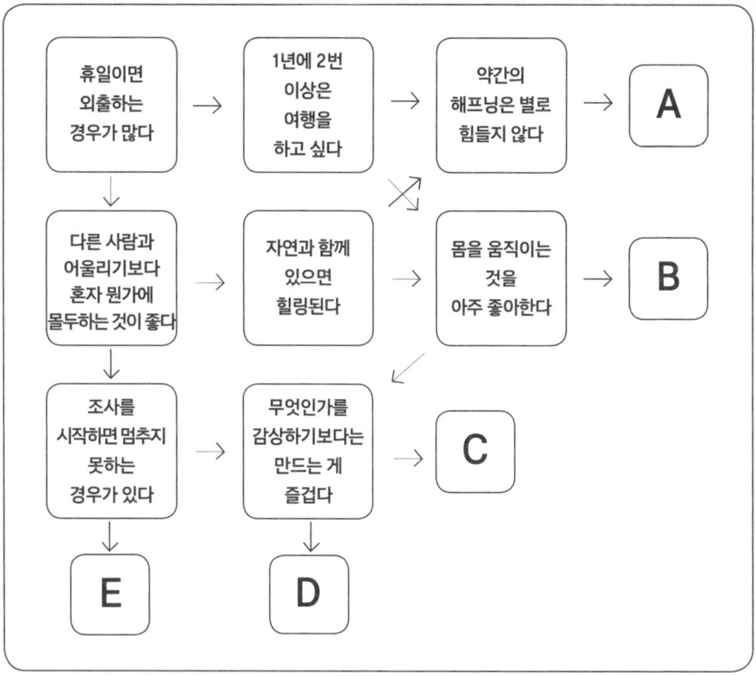

'공허함' 처방전

66페이지의 차트를 통해 나온 결과는 A ~ E 중 어느 것입니까?

다음 유형을 참고해 인생 후반을 생기 있게 보내세요.

A

[여행 · 아웃도어]

호기심이 많아 늘 어딘가로 가고 싶은 당신. 도시를 좋아한다면 직접 숙소를 예약해서 마음 가는 대로 나 홀로 여행을. 테마를 압축하면 좋다. 자연을 좋아한다면 캠핑이나 차박 여행도 거부감이 없을 것이다. 등산이나 스키, 서핑이나 카누도 아직 괜찮다. 주위에 함께 할 사람이 없다면 인터넷으로 강습이나 동아리를 찾을 수 있다.

B

[운동 · 트레이닝]

긴 인생, 마지막까지 아름답고 건강하게 살고 싶은 당신에게 최적이다. 굳이 산에 가지 않아도 암벽 등반은 도시에서도 할 수 있고, 일상과 잘 조합하면 생활에 탄력이 생긴다. 혼자서도 좋지만 헬스클럽에 가입해 친구를 사귀는 것도 좋고 지역 달리기 모임이나 탁구 클럽 등 동호회를 찾으면 새로운 교우 관계가 넓어진다.

C

[영화 · 연극 · 음악]

극장이나 콘서트홀에 가서 즐기기를 좋아하는 사람이라면 감상 기록을 쓰거나 팬클럽에 가입해 동료들과 이야기를 나누면 세계가 더욱 넓어진다. 스스로 연주자나 배우가 되어 무대에 서거나 연주를 하려면 B와 마찬가지로 트레이닝이 필요한데, 그 또한 재미있을 것이다. 어느 정도 연간 예산을 잡고 임하도록 하자.

D

[만들기 · DIY · 아트]

집에서 꾸준히 혼자 할 수 있다는 점이 매력이지만 본격적으로 한다면 레슨을 받는 등 전문가의 작품을 보고 연구하기를. 회심의 작품이 완성되면 전시회에 출품하거나 인터넷상에 발표하는 것도 좋다. 핸드메이드 마켓 등에 출점해 판매할 수 있다면 조그만 사업으로 발전할 수도 있다.

E

[독서 · 연구 · 집필]

앞으로 독서를 할 때 짧게라도 자신의 감상을 메모한다면 사고방식의 변화를 엿볼 수 있어 재미있다. 관심 분야의 독서를 늘려 자기 나름의 논문을 써도 좋다. 시나 소설 등 창작에 도전하려면 지금이다. 혼자서도, 어디서나 할 수 있는 독서와 집필은 긴 인생의 좋은 친구가 되어 준다.

2장

食이 중요하다

'생존을 위한 집안일'과 '취미의 집안일'을 구분하자

독립해 혼자 살기 시작하면서부터 지금까지 서툴지만 살림을 계속 꾸려오고 있다. 독신으로 살다가 결혼하고, 지금은 아이들까지 네 명으로 살림의 규모가 커지면서 집안일의 종류도 늘어났다. 개중에는 잘하는 것도 있지만 하기 싫은 일도 있다.

어떤 집안일이든 가리지 않고 다 좋아하는 사람은 극소수이지 않을까? 나로 말할 것 같으면 요리를 좋아한다. 반면 정리나 청소는 처음부터 좋아하지도 않았고 서툴렀다. 다만 나름대로의 고육책으로 물건의 가짓수를 줄이고 여러 시행착오를 겪으며 정리정돈은 상당히 편해졌고 이제 좋아하는 단계에 이르렀다. 어떻게 보면 '취미'가 되었다고 할 수 있다. 그것은 내 인생에서 정말 다행스러운 일 중 하나라고 생각한다.

하지만 청소는 여전히 좋아하지 않는다. 꼼꼼하게 먼지나 더러움을 제거하는 등 지속적이고 끈기가 필요한 일은 성질 급한 내게는 맞지 않았다. 그래도 예전에는 의지와 체력으로 그럭저럭 해냈는데 갱년기를 맞이하면서 위기가 찾아왔다. 아침 시간에 기력이 떨어져 청소(특히 청소기 돌리기)를 할 수 없게 된 것이다.

아침 시간에 기력이 떨어졌다고 해도 원래 4시 반에 일어나던 것을 5시 반으로 늦춘 것뿐이므로 아침 식사와 도시락은 준비할 수 있고 세탁기도 돌릴 수 있다. 아침 식사 뒷정리와 쓰레기 버리기(남편 담당)까지는 문제없다. 가족들은 내가 아침에 기운이 없어하는 것을 모른다.

하지만 문제는 그 이후다. 남편 출근과 아이들 등교 후에 소파에서 한숨 돌리고 있으면 몸이 천근만근 무거워져 움직일 수 없다. 무기력하게 그 자리에 앉아 있을 뿐 청소기 있는 곳까지

갈 수가 없다.

그 무렵 나는 극단적으로 '소리'에 민감했다. 가족들이 내는 작은 소음, 내가 보지 않는 텔레비전 소리, 아이의 스마트폰 동영상 소리 등 사소한 생활 소음이 참을 수 없을 정도로 귀에 거슬렸다. 그 중에서도 청소기 소리는 참기 힘들어 도저히 청소할 마음이 생기지 않았다. 청소기에서 공기가 빠져나오는 소리를 듣는 게 싫어서 계속 미루다 밤이 되어서야 청소를 시작하는 경우도 있었다.

그것이 갱년기 때문인지는 모르겠지만 괴로운 일인 것만은 확실했다. 그래서 한동안 청소기 대신 바닥 밀대와 빗자루를 사용했다. 청소기처럼 먼지를 빨아들이지는 못하지만 불쾌한 소리가 나지 않고 생각났을 때 언제든지 사용할 수 있어서 밤늦게라도 청소를 할 수 있다.

쓸어낸 먼지는 쓰레받기가 아니라 밀대의 부직포와 티슈로 닦아서 버리고, 그래도 남는 미세한 먼지는 알코올을 뿌려 한 곳으로 모은 뒤 닦아낸다. 이렇게만 해도 상당히 깔끔해진다.

'청소기를 돌리지 않아도 되고, 하루 한 번만 대충 하면 되고,

몇 시에 하든 괜찮다'라고 청소 규칙을 여유 있게 만들었더니 갑자기 마음이 편해졌다.

텔레비전에서 현미경으로나 보이는 미세한 먼지를 '이렇게나 많이 빨아들입니다!'라는 청소기 광고를 보곤 하는데, 거실에서 수술을 할 것도 아니니 이 정도면 됐다고 생각한다. 먼지가 생기면 또 쓸면 되고 가족들에게 시간이 있으면 "엄마 외출할 동안 청소기 좀 돌려줘"라고 부탁하기도 한다.

싫어하는 청소는 설렁설렁 하는 반면에 좋아하던 요리는 이전보다 훨씬 비중을 늘렸다. 요리는 정말 즐겁다.

육아에 할애하던 시간을 이제 요리에만 집중하니 예전에 손이 많이 가 포기했던 요리나 처음 만들어 보는 요리에 도전하는 여유도 생겼다. 청소에 쓰던 시간도 요리하는데 쓰고 있다.

집안일은 어느 정도의 수준을 넘어서면 '취미'라고 생각한다. 물론 집안일을 하지 않고는 살기 어렵다. 모든 사람이 해야 하고, 할 수 있는 일이다. 그러니 당연히 주부만 해야 하는 일이라고 생각하지도 않는다.

가끔 남자들 중에 집안일을 할 줄 모르는 것을 마치 자랑하

듯 말하는 데, 그럴 때마다 불쾌하다.

"능력 있는 사람은 집안일처럼 시시한 일 따위는 몰라도 된다. 나는 유능하고 바쁜 사람이어서 집안일은 하지 않고 지냈다. 그러니 못하는 게 당연하다."라고 당당하게 말하는데, 사실 부끄러워해야 할 일이 아닐까? "나는 살아갈 능력이 없다"라고 말하는 것과 같으니 말이다.

그렇다고 누구나 살림의 여왕처럼 화려하게 집안일을 해야 한다고 생각지 않는다. 그렇게까지 할 수 있다면야 멋지겠지만 못한다고 해서 곤란해질 일도 없거니와 조금도 부끄러운 일이 아니라고 생각한다.

요즘의 집안일이라고 하면

'전기밥솥으로 밥을 하고 레토르트 식품을 데운다.'

'쓰레기를 분리하고 정해진 날에 정해진 장소에 내놓는다.'

'곰팡이나 날벌레가 생기지 않을 정도로는 청결하게 지낼 수 있다.'

'전자동 세탁기로 세탁한 것을 널 수 있다.'

'바닥에 아무렇게나 물건을 두지 않는다.'

이 정도만 하면 충분히 '집안일을 할 줄 안다'고 말해도 된다.

위에서 열거한 집안일의 특징은 '너무 일상적이고 기본적이어서 대체 서비스가 없고 외주를 맡기면 너무 비싸다는 점. 할 줄 모르면 일상생활이 이루어지지 않는다는 점'이다. 즉 '생존을 위한 집안일'이다.

그에 반해서

'모양도 맛도 레스토랑에 뒤지지 않는 음식을 만든다.'

'모든 옷과 시트를 다림질한다'

'집안 구석구석을 반짝반짝 윤나게 닦는다' 등은 누구나 할 수 있는 일도 아니거니와 못해도 사는 데 아무런 지장이 없다. 대체 상품이나 서비스도 있다.

이런 것이 바로 '취미의 집안일'이 아닐까?

사람들이 집안일 때문에 고민하는 것은 이 '생존을 위한 집안일'과 '취미의 집안일'을 혼동하기 때문이 아닐까 생각한다.

'생존을 위한 집안일'은 누구나 마땅히 할 수 있어야 하고 못하면 부끄러운 것이지만 '취미의 집안일'은 개인의 취미다. 하고 싶은 사람만 하면 된다. 캐릭터 모양으로 꾸민 도시락 같은 건 '취미의 집안일' 중 최고봉이라 할 수 있다. 극히 일본적이어서 나는 그것을 '집안일계의 분재'라고 부른다.

요즘 나는 별로 좋아하지 않는 청소는 '생존의 집안일' 수준으로 하고, 좋아하는 요리는 '취미의 집안일'로서 비중을 늘려가고 있다. 아이들도 다 커서 제 일은 스스로 할 수 있고 남편도 집안일을 조금씩 분담하고 있다. 집안일의 주담당자로서의 역할은 이쯤에서 반납할 생각이다.

'취미'로 하면 집안일은 정말로 재미있다. 삶을 무한정 내 취향대로 만들 수 있으니 이보다 재미있는 게 없다. 나로서는 제철 식재료로 새로운 조리법을 시도하면서 맛있는 밥을 지을 수 있는 요리를 취미로 매일 즐기는 것이다.

하고 싶은 집안일과 하고 싶지 않은 집안일의 종류는 앞으로 변할지도 모른다. '취미' 이외의 집안일도 중요하다. 하지만 되도록이면 평생 '생존을 위한 집안일'을 할 수 있는 수준이면 좋겠고 가족들도 각자 그래줬으면 좋겠다.

생존을 위한 집안일 리스트

[식사]

- 중학생 정도의 영양학 지식이 있다
- 식재료가 상하지 않도록 관리할 수 있다
- 밥을 지을 수 있다
- 된장국을 끓일 수 있다
- 전자레인지 사용법을 안다
- 간단한 요리(굽기만 하거나 썰기만 해도 괜찮다)를 할 수 있다
- 설거지를 하고(곧바로는 아니더라도) 제자리에 놓을 줄 안다

[정리와 청소]

- 쓰레기를 분리하여 정해진 날에 정해진 장소에 내놓는다
- 바닥에는 되도록 물건들을 두지 않는다
- 테이블 위에 식사할 공간이 항상 있다

- 가끔은 청소를 하고 곰팡이나 날벌레가 생기지 않는 수준으로 청결을 유지한다
- 중요한 물건을 잘 챙길 줄 안다

[세탁과 의류 관리]

- 세탁기(코인 세탁기도 가능)를 사용할 수 있다
- (마음만 먹으면) 물건을 옷장이나 서랍 등의 수납 장소에 넣을 수 있다
- 단추를 달 줄 안다(동영상을 참고해도 된다)
- 밑단 수선 테이프를 이용해 밑단을 줄일 수 있다
- 간단한 다림질이 가능하다(동영상을 참고해도 된다)
- 초기의 간단한 얼룩을 제거할 수 있다

[가계 관리]

- 예산을 세우고 예산 안에서 생활할 수 있다
- 월 광열비와 전화 · 통신비 등의 지출 내역을 알고 있다

좋아하는 '요리'의 즐거움을 최대치로 누리기

지인과 친구들 중에 요리를 잘하는 사람이 많아서 내가 요리를 잘한다고는 감히 말할 수 없지만 요리를 좋아하는 건 확실하다. 어렸을 때는 캐나다 요리 프로그램인 '세계의 요리 쇼'를 매우 좋아했다.(요즘도 여전히 TV를 많이 본다)

요리 레시피를 순서대로 세세하게 설명해 주는 일본의 고지식한 요리 프로그램과는 달리 한 손에 와인글라스를 들고 농담을 하면서 화려한 요리를 선보이던 그레이엄 카를 동경했다. 그를 보면서 '어른이 되면 나도 저렇게 즐겁게 요리하고 싶어!'라고 생각했다.

독립해서 혼자 살던 젊은 시절에는 요리 에세이를 탐독하며 좋아하는 요리만 만들었지만 결혼을 하고 아이가 태어나자 남편과 아이의 기호에 맞추면서도 영양과 건강에 신경 쓴 요리를 '착실하게' 만들게 되었다.

하지만 그것은 내가 정말로 만들고 싶은 요리는 아니어서 내심 '좀 더 내 마음대로 요리하고 싶다'는 생각을 하고 있었다.

식재료도 얼마 전까지 대부분 생협 택배를 이용했다. 상품의 질이 일정해서 일과 육아로 바빴던 그 무렵에는 큰 도움이 되었다. 하지만 역시 눈으로 직접 보고 고르는 게 좋다. 요리하는 즐거움의 절반은 재료 선택에 있기 때문이다.

이제 아이가 다 자라서 맛의 허용 범위가 넓어졌으니 다시 내가 만들고 싶은 것을 만들 수 있게 되었다. 고추와 와사비, 산나물과 허브도 마음껏 사용할 수 있다. 이런 날을 손꼽아 기다렸다! 최근에는 터키 음식과 생선 요리를 즐겨 하고 있다.

요즘 가장 즐거운 일은 도로의 휴게소나 직판장 같은 산지

직송 채소 가게를 찾아가는 것이다. 이런 가게는 일반 슈퍼에서 볼 수 없는 귀한 채소와 아주 잠깐밖에 나지 않는 제철 산나물 등 자연산 재료를 만날 수 있다는 게 매력이다.

쇼핑을 싫어하는 남편도 인근 마을로 드라이브 삼아 가는 것은 기꺼이 동행한다. 외곽의 도로나 다리 등을 돌아보는 것은 남편의 일인 토목 설계에 참고가 되기 때문이다.

요즘은 인터넷에 레시피가 넘쳐나서 쉽게 구할 수 있지만 나는 별로 이용하지 않는다. 여행지에서 먹었던 요리나 친구가 만들어 주거나 가르쳐 준 요리를 재현하는 것이 더 즐겁고, 더 맛있게 만들 수 있다고 생각한다.

그게 뭐가 됐든 맛있었다는 감동이 살아있는 동안에 도전하는 것이 중요하다.

일전에 베트남 하노이에 갔을 때 포장마차에서 먹었던 '돼지고기와 튀긴 두부 토마토 조림'이 굉장히 맛있었는데, 만드는 법을 물어보고 싶었지만 베트남어를 할 줄 몰라 아쉬웠다. 그 후 기억에 의지해 여러 번 내 방식대로 만들고는 있지만 아직도 그 때의 맛을 재현하지 못하고 있다. 유감이다!

영화나 책에 나오는 요리를 내 방식대로 재현하는 것도 무척 좋아한다.

특히 좋아하는 것은 조르주 심농(Georges Simenon)의 경찰소설 〈매그레 반장〉 시리즈와 이케나미 쇼타로(池波正太郎)의 시대 소설 《검객 장사》에 나오는 요리. 두 작품 모두 작가가 미식가인 듯 나오는 요리의 먹음직스러운 묘사가 장난이 아니다. 와인과 사케에 어울릴 것 같다는 점도 매력이다.

《검객 장사》의 요리는 조리법이 매우 간단하고 필요한 재료도 적기 때문에 재현하기 쉽다. '무를 담백한 육수에 삶기만 하면 되는 일품 요리', '파와 모시조개의 살을 담백한 육수에 삶아 끼얹은 돌솥밥' 등 계절감과 소재의 매력이 가득한 요리이다.

이런 식으로 즐기다보면 식재료를 찾고 요리를 만드는 일은 더 이상 집안일이 아니라 취미라는 생각이 절로 든다. 집에서 매일 취미생활을 즐길 수 있는데다 가족들도 좋아하니 이보다 더 좋을 수 없다.

나는 맛있는 채소와 생선을 사랑하는 사람이라, 할 수만 있다면 언젠가 항구가 있는 농촌에서 살아보고 싶다. 바다와 산에

둘러싸인 자연과 신선한 재료를 언제든 구할 수 있는 환경이라니 꿈만 같지 않은가!

그러나 현실적으로는 남편의 정년까지 앞으로 십 수 년. 출퇴근을 생각하면 시골에서 사는 것은 '꿈'이다. 남편은 도시를 더 좋아하기 때문에 실현 가능성은 한없이 낮다.

하지만 난 포기하지 않는다! 세컨드 하우스를 사지 않고도, 이사를 가지 않고도, 이혼을 하지 않고도(!), 언젠가 어떻게 해서든 이 꿈을 실현시키겠노라 마음먹고 있다.

어느 시골로 갈까? 생각만 해도 설렌다. 50대에도 꿈을 가질 수 있고 설레기도 한다는 걸 알고 나니 나이를 먹는 게 더욱 기대된다.

신통방통한 물건 덕분에 부엌 청소도 즐겁게

청소 비중을 줄이고 요리 비중을 늘린 나에게 요리는 요리만으로 끝나는 게 아니다. 요리를 자주하다보면 설거지나 부엌 청소도 늘게 마련이다. 요리가 즐겁다 해도 뒷정리는 가끔 즐겁지 않았다. 그게 나에게는 고민거리였다.

그런데 부엌일 파트너가 생기면서 지금은 부엌 청소도 설거지도 전혀 힘들지 않다. 요리할 때도 껍질 벗기기나 생선 내장 제거와 같이 귀찮고 재미없는 작업을 술술 해 나갈 수 있게 되었다. 부엌일이 믿을 수 없을 정도로 즐거워지는 일생일대의 신통방통한 물건을 손에 넣었기 때문이다. 그것은 바로 '녹화 기능이 있는 휴대용 텔레비전'이다.

초등학생 때 요리 프로그램에 푹 빠져 지내기는 했지만, 나는 본래부터 차분하게 앉아있는 성격이 아니었다. 프로그램 방영 내내 텔레비전 앞에 있어야하는 것이 고역이었다. 게다가 건망증도 심해 연속극 방영 시간과 요일은 늘 잊어버렸다.

드라마를 중간 중간 놓치는 것도 싫어서 결국 당시 최고 인기였던 〈3학년 B반 긴파치 선생님〉이나 〈도쿄 러브스토리〉를 한 번도 본 적이 없다. 부엌에서는 라디오만 들었다.

그런데 어느 날 '녹화 기능이 있는 휴대용 텔레비전'을 손에 넣게 되면서 내 생활은 완전히 바뀌었다.

이 제품은 내가 텔레비전에 품고 있던 불만을 모두 없애주었다. 이후로 텔레비전 시청은 거의 대부분 '녹화된 것'을 '부엌이나 화장실에서' 하게 되었다.

- '방영 내내 텔레비전 앞에 있어야 한다' → '녹화하면 OK'
- '중간에 자리를 뜰 수 없다' → '녹화한 것이라서 원할 때 멈

출 수 있다'

- '녹화하더라도 거실에서만 볼 수 있다' → '휴대용이라서 집 안 어디서나 볼 수 있다'

내가 텔레비전에 품고 있던 불만이 모두 해소된 셈이다. 덕분에 텔레비전 보는 게 갑자기 즐거워졌다. 하드디스크에는 내가 보고 싶은 프로그램밖에 없으므로 '나만의 전용 방송국'을 가진 것이나 마찬가지였다.

원래 이 텔레비전은 짧은 목욕 습관을 고쳐보려고 욕실용으로 산 것인데, 어느 날 부엌에서 써 보니 의외로 부엌일과 궁합이 잘 맞았다. 그전까지는 불과 칼을 쓰고 그릇이 깨질 위험도 있어 부엌에서 텔레비전을 보는 게 무리라고 생각했다.

하지만 조림을 하거나 빵을 발효시킬 때처럼 오랜 시간이 걸릴 때나 그릇과 냄비를 씻거나 물기를 닦으면서 보고 싶던 녹화 프로를 볼 수 있으니 오히려 시간을 효과적으로 쓸 수 있었다.

조리대를 치우고 가스레인지 삼발이의 검게 탄 부분을 수세미로 닦는 등 싫어하는 청소도 미술 프로그램이나 역사 프로그램을 보면서 하면 전혀 지루하지 않았다. 일찍 자느라고 보지 못했던 심야 예능 프로를 오전에 보면서 채소를 썰거나 케이크를 굽는 것도 어렵지 않다는 것을 알게 되었다. 집중이 필요한 튀김이나 볶음, 식칼로 큰 생선을 손질할 때만 빼고는 대부분 괜찮았다.

이렇게 해서 부엌의 허드레 청소일은 우울한 고역이 아니라 아무리 해도 질리지 않는 즐거운 작업이 되었다.

무엇보다 '장면을 놓쳐도 나중에 돌려볼 수 있다'는 녹화의 특성 덕분에 너무 진지하게 볼 필요가 없으므로 요리를 하면서도 안전하게 시청할 수 있는 나의 부엌일 최고의 파트너이다. (너무 텔레비전에 몰두하는 성격이라면 적합하지 않을 수 있다)

부엌 강의실

요즘에는 노트북을 가지고 와서 일까지 하고 있다. 우리 집 부엌은 1.5평 정도로 좁아 책상도 의자도 접이식이다. 자료를 놓으려면 조리대의 서랍을 열고 그 위에 쟁반을 얹어야 한다.

녹화하는 프로그램은 미술 · 역사 · 과학 · 여행 프로그램, 예능, 그리고 가끔은 영화. 수강생은 아니지만 방송대학의 강의도 보고 있다. 스스로 이것저것 책이나 잡지를 읽어서 익히는 지식과 달리 하나의 체계 아래 구성된 대학 강의는 알차게 공부할 수 있어 효율적이었다.

텔레비전의 장점은 정보의 양이 많다는 것이다. 짧은 시간에 다양한 정보를 흡수할 수 있다. 하지만 단지 보거나 듣기만 해서는 금방 잊어버리기 때문에 기억하고 싶은 내용이 있을 때는 책상과 의자를 꺼내 그 자리에서 메모해둔다.

50대가 되어도, 아니 오히려 지금에 와서야 더욱 더 나의 흥미나 관심, 배우고 싶은 것들이 확실해졌고 열중할 수 있게 되었다. 부엌에서도 이런 일을 할 수 있다니, 이 얼마나 좋은 세상인가?

그릇을 소유하는 즐거움과 사용하는 즐거움

아이가 태어난 후 줄곧 '물건은 적은 것이 좋다!'는 믿음으로 가능한 한 불필요한 물건을 소유하지 않고 살려고 노력했다. 내가 유난히 정리정돈을 잘 못하는 타입이라 그로 인해 마음의 여유를 잃기 쉬웠다.

혼자 살 때도 힘들었는데, 결혼 후 아이가 둘이 되니 관리해야 할 물건이 더 늘어났다. 물건으로 인해 짜증스럽던 그 시절을 되도록 물건을 줄이고 더 이상 늘리지 않음으로써 그럭저럭 극복할 수 있었다.

그 중에서도 가장 늘리고 싶지 않은 것이 그릇이었다. 친정집에는 그릇이 많아서 부엌 수납장에 늘 어마어마한 양의 그릇이 있었다. 본가가 도예의 고장인 마시코(도치기 현) 인근에 위치해 있었고, 옛날에는 그릇을 답례 선물로 많이 주고받았기 때문이다.

게다가 음식점을 운영하는 친척이 있어서 그릇을 바꿀 때면 그것이 우리 차지가 되기도 했다. 어린아이였던 내 눈에는 그릇이 많아서 좋은 것은 하나도 없어 보였다. 부피가 큰 일본 그릇은 수납하기가 어렵다. 식기장 앞뒤로 이중 삼중 넣어야 해서 꺼내기도 집어넣기도 힘들다. 결국엔 항상 쓰던 그릇만 쓰게 된다.

그렇다면 쓰는 그릇만 가지고 있으면 될 텐데, 어머니는 새 그릇이 생기면 이미 가득 찬 식기장에 그것을 또 어떻게 해서든 집어넣었다. 그런데 본가를 떠나 간절히 바라던 독립생활을 시작하자 어느새 내 부엌도 그릇으로 넘쳐나고 있었다. 선물 받은 유리잔, 여행지에서 산 머그잔, 상점 이벤트에서 얻은 조잡한 접시들.

혼자 사는 좁은 방의 수납장에 가득 찬 그릇들 가운데 쓰는 것은 고작 몇 개밖에 없었다. 결혼을 하고 아이가 태어나면서 그릇을 조금씩 줄여나간 결과, 그릇의 수는 최소한, 색깔도 거의 흰색 무지로 통일되었다. 4인 가족이 되었지만 그릇의 수는 혼자 살 때보다 오히려 적다.

그래도 별로 불편한 점은 없었다. 무미건조하고 예쁘지는 않지만 정리하기 쉽게 정돈된 식기장은 내 마음에 안정감을 주었다. 아이를 키우느라 바쁘고 힘들던 시기의 나에게는 안성맞춤이었다.

세월이 흐른 어느 날, 친정집에서 밥을 먹는데 고등학생이던 큰애가 이렇게 중얼거렸다.

"이 그릇, 무늬가 예쁜걸. 우리 집에는 흰색 그릇밖에 없는데, 신선하다."

그 말을 듣고 깜짝 놀랐다. 흰색 그릇이 나에게는 심리적 안정감을 주었고 가족들도 특별히 불만을 표하지는 않았지만 아무래도 좀 밋밋했던 것일까?

그렇게 생각하고 보니 우리 집 그릇들이 병원이나 구내식당 그릇처럼 보여서 갑자기 볼품없이 느껴졌다. 여태껏 그런 생각을 눈곱만큼도 한 적이 없었기 때문에 이런 마음의 변화는 스스로도 의외였다.

그렇다고 바로 그릇을 버리거나 바꾸지는 않았다. 하지만 그 후부터는 그릇 구입하는 방식을 조금씩 바꾸었다. 그전까지는 하나가 깨지거나 이가 빠지면 똑같은 것을 사서 항상 같은 수량이 되도록 새하얀 그릇장을 유지해 왔다. 하지만 이 무렵부터는 크기와 모양이 같거나 또는 겹쳐서 쌓을 수 있는 형태의 그릇이라면 좋아하는 색상과 무늬를 찾아 보충했다.

이제 우리 집 찬장에는 조금씩 다양한 색깔과 무늬, 형태의 그릇들이 섞여 있다. 수납공간이 한정되어 있어 그릇 수는 늘리지 않았지만 이전보다는 조금 활기차고 화려해졌다.

외출했다가 멋있는 그릇을 발견해도 눈 딱 감고 무소유의 삶을 살아온 나에게 예쁜 색과 무늬가 있는 그릇은 신선한 느낌을 주었다. 아직 흰 그릇이 더 많아 그런 그릇을 사용할 때면 조금 특별한 기분이 들고 즐겁다.

집안일과 육아로 힘이 들던 시절에는 단순함을 가장 중시해

쓸데없는 작업이나 정보는 최대한 차단함으로써 시간적 정신적 부담을 줄이려했다. 하지만 이제는 바짓가랑이에 매달려 울거나 소란을 피워대던 아이들도 다 자랐고, 필요하다면 어느 정도 집안일을 맡길 정도가 되었다. 1시간 걸려 치운 방이 5분 만에 어질러지는 일도 없다. 그 무렵에는 이런 여유로운 날들이 올 것이라고는 꿈에도 생각하지 못했다.

앞으로도 그릇을 바꾸는 일은 있어도 숫자를 늘리지는 않을 것이다. 삶을 즐길 여유는 생겼지만 부엌이 넓어진 것도 아니고 그릇장이 많아진 것도 아니다. 너무 많이 가지고 있으면 정리하는 데 어려움을 겪을 것이 뻔하기 때문이다.

그릇만 그런 게 아니다. 여유가 생겼다고는 하지만 나란 인간이 그렇게 많이 성장한 것도 아니고, 하물며 앞으로 몇 년 후에는 아이들도 독립하면 살림의 크기를 줄여야 한다는 것도 알고 있다.

앞으로도 나의 한계를 인식하며 살 것이다. 하지만 그 범위 안에서 지금까지보다는 조금 더 물건을 소유하는 즐거움과 사용하는 즐거움을 키워나가고 싶다.

유일하게 늘어난 살림은 부엌용 칼

오기로라도 물건을 늘리고 싶지 않았던 과거의 나. 하지만 지금 생각해보면 '그 정도는 샀어도(가졌어도) 좋지 않았을까?' 싶은 것도 꽤 있다.

이를테면 샐러드 스피너(손잡이를 돌려 채소의 물기를 털어내는 조리 용구)가 갖고 싶었지만 '같은 크기의 볼과 소쿠리의 입구를 맞춰서 안에 들어 있는 채소를 위아래로 세게 흔들어 사용'하며 버텼다.

지금도 가족 세 명분의 도시락을 위해 매일같이 계란말이를 하고 있는데, 여태껏 계란말이용 사각팬을 사 본 적이 없다. 사야지, 생각만 하는 사이에 몇 년이 지났고 나도 모르는 사이에 둥근 프라이팬으로 직사각형 계란말이를 하는 요령이 생겼다. 아이들 도시락을 쌀 날도 이제 얼마 남지 않았으니 끝내 사지 않을 것 같다.

남편이 지방으로 발령받아 혼자 가게 되었을 때, 집에 2개밖에 없는 볼 중 하나를 챙겨 보냈다. 불편하면 사려고 생각했는데 다른 냄비로 버티는 동안 남편이 2년간의 파견 근무를 마치고 볼과 함께 돌아왔다.

물건이 없어도 어떻게든 살 수 있는 능력을 기르는 훈련 같기도 하지만 별 의미 없는 오기 같기도 하다. 어쨌든 물건을 늘리지 않기 위해 지금까지 나름대로 궁리하고 노력해 온 것은 확실하고 그 때문에 집안이 물건으로 넘쳐나지 않게 되었다.

그런데 유일하게 늘어난 것이 있다. 젊었을 때는 스테인리스로 된 싸구려 칼 하나로 무엇이든 잘랐다. 그러다 우연히 강철로 된 우도(于刀: 정육할 때 쓰는 정형칼)를 갖게 되었다. 그 황홀할 정도로 잘 드는 칼날에 매료되었고 이후부터는 칼에 대한 생각이 바뀌었다.

단조(鍛造)된 강철 칼의 날카로움은 굉장한 것이어서 구입한 그날부터 나는 양배추 채썰기에 사로잡혔다. 특별한 재주가 없는 나도 아주 쉽게 얇고 부드러운 채썰기를 할 수 있었다.

뭉개지기 쉬운 토마토도 아주 얇게 슬라이스 할 수 있고 우엉을 어슷썰기 할 때도 실패할 확률이 없다. 아, 기분이 좋다! 왜 진작 사지 않았을까?

스테인리스 산토쿠 부엌칼은 다루기가 편했다. 대부분의 식재료는 그럭저럭 썰 수 있고 이가 빠지거나 녹스는 것을 신경 쓸 필요가 없다. 내가 만드는 정도의 요리는 이것으로 충분하다고 생각했다.

하지만 강철 칼은 그렇지 않다. 칼 가게에서 '15분 이상 젖은 채로 두지 말라'고 주의를 준 바와 같이 사용하고 나면 즉시 닦아 물기를 제거하지 않으면 금방 빨갛게 녹슬어 버린다.

정기적으로 칼날을 갈아주어야하기 때문에 나는 칼갈이 강습을 듣고 연마 방법을 배우는 등 소중히 아끼며 사용했다. 그 날카로움을 유지할 수 있다면 이 정도는 아무것도 아닐 만큼 매력적인 칼이었다.

하나만 있으면 된다고 생각했던 부엌칼도 생선 손질을 하려니 생선용 칼을 갖고 싶어졌다. 날이 얇은 우도로 생선을 자르면 생선뼈에 칼날이 상하기 때문이다. 처음에는 전갱이 손질용 작은 생선 칼을 구해서 조심조심 사용했다. 그러다가 큰 생선도 손질하고 싶어서 친정에서 안 쓰는 큰 생선 칼을 얻어왔다. 덕분에 가다랑어도 자를 수 있게 되었다.

그 후, 갓 구운 빵을 자르는 빵칼, 치즈와 채소를 모양내 썰기 위한 물결무늬 나이프 등 칼의 개수가 점점 늘어 지금은 부엌칼(나이프)이 다섯 개가 되었다

물건을 늘리지 않으려고 유행하는 조리 도구(전자레인지 조리기, 타진 냄비, 세련된 법랑 냄비 등)는 절대 사지 않았고, 볼을 하나만 가지고 버틴 시기도 있었지만 대부분 다른 것으로 대체할 수 있었다.

하지만 칼은 다른 것으로 대체할 수 없다. 만들고 싶은 요리의 범위가 넓어질수록 칼도 그에 맞춰 늘어나야 원하는 만족감을 얻을 수 있다.

장인의 손으로 만들어진 좋은 칼은 비싸기는 해도 소중히 다루면 평생, 경우에 따라서는 자식 대까지 사용할 수 있다. 이렇게 하나 둘 늘어난 칼들은 나의 요리하는 시간, 나아가 삶의 질을 올리는 최고의 파트너이자 보물이 되었다.

매번 꼭 필요하다고 생각되는 칼을 원하는 사이즈와 질감으로 골라 샀기 때문에 하나도 버려두지 않고 모두 즐겨 사용할 수 있었다. 처음부터 '부엌칼 10개 세트 할인 상품' 같은 걸 샀더라면 분명 절반도 쓰지 않고 녹슬게 됐을지도 모른다.

칼은 좋은 친구다. 칼이 아니더라도 마찬가지다. 무소유라야 좋은 것도 아니고, 많이 가져야 좋은 것도 아니다. 필요한 것은 갖추고 살고, 가진 것은 소중하게 사용하고 즐겁게 활용하는 것이 중요하다. 앞으로도 그럴 수 있었으면 좋겠다.

3장

상황에 맞게
일상을 디자인하자

나이를 담을 수 있는 옷차림

50대가 되었을 때 40대의 연장이라고 생각했던 것처럼 40대가 되었을 때는 아직 30대의 연장이라고 생각했다. 그래서 30대 때와 똑같은 옷을 입는 것에 대해 별다른 거부감이 없었다.

그런데 40세가 되고 2, 3년 즘 지났을 무렵부터 서서히 '아, 역시 좀 무리인가…….'라는 느낌이 들었다. 그전까지 입던 옷이 어울리지 않았다. 마음은 30대, 어떨 때는 20대의 연장으로 느껴지지만 겉모습은 여지없이 '아줌마'가 되어간다. 특히 체형이 그렇다.

키가 작고 다부진 체형인 나에게는 몸에 딱 맞는 슈트 같은 옷이 잘 어울리지만 나는 부드러운 소재의 여유 있는 캐주얼 스타일을 좋아한다. 입고 싶은 옷과 어울리는 옷이 너무 달라 뭘 입어야할까 고민이 되었다.

'적당히 나이에 맞춰 입어야 할까?'

하지만 백화점 3층을 가는 건 꺼려졌다. '난 마담이 아니라고.' 그런데 2층 여성의류는 이제 어울리지 않았다. 그 무렵 나는 백화점 2층과 3층을 왔다 갔다 하는 상태였다.

고민 끝에 '40대의 패션'에 대한 생각을 블로그에 쓰기 시작했다. 이 블로그는 전혀 홍보도 하지 않고 사진 한 장 올리지 않은 밋밋한 것이었음에도 불구하고 가끔 들여다보면 의외로 조회 수가 많이 늘어 있었다. 나 같은 고민을 하는 사람들이 많았던 것 같다.

그 당시 고민하고 갈팡질팡하면서 얻은 내 나름의 해답은 '40대는 더 이상 변명의 여지없는 어른'이라는 것이다. 당연한 얘기 같지만, 당시에는 아직 내가 '진짜 어른'이라는 것을 인정하고 싶지 않았다. 그 마음이 패션에 대한 방황으로 표출되었던 것 같다.

그로부터 10년 넘게 지났지만 지금도 그때 내린 결론에 따라 옷을 고르고 입는다. 그것은 '어른에게는 나름의 위엄이 있어야 한다'는 것이다. '위엄'이라고 하면 평생 고급 브랜드의 옷에 값비싼 보석류를 걸치는 것으로 오해할지도 모르겠다.

사실 옷은 깔끔하기만 하면 뭐든 괜찮다고 생각한다. 내가 생각하는 위엄은 몸에 걸치는 것이 아니라 '상대방을 불안하게 만들지 않는 것'이다. 여기서 말하는 '위엄'이란 '신뢰할 수 있는 어른에게 걸맞은 분위기'라는 정도의 의미이다.

자기의 일을 스스로 처리할 줄 알고 주변 사람도 도울 줄 아는 사람이 어른이라고 생각한다. 그러기 위해서는 상대를 깜짝 놀라게 할 만한 모습은 하지 않는 것이 좋다. 겉모습이 전부가 아니라고 하지만 처음 보는 사람을 판단하는 재료는 겉모습밖에 없으니까.

중년 이후의 여성이 상대방을 놀라게 하는 겉모습이란 특별히 기발한 복장을 했을 때이거나 '나이보다 지나치게 젊게 꾸민

옷차림'을 했을 때를 말한다. 나이에 걸맞지 않은 옷차림이 보기 흉하고 애처롭게 느껴지는 것은 보는 사람을 불안하게 만들기 때문이다.

50대인데 소녀 같은 옷이나 화장을 한 여성을 보면 깜짝 놀라게 되고 불안해진다. 그리고 그 사람에게 뭔가 협조를 기대하거나 도움을 받을 수 있으리라는 생각은 들지 않는다.

그렇다면 나이보다 젊게 꾸민다는 게 무엇일까?

젊게 꾸미지만 않으면 위엄을 가질 수 있을까?

그렇다고 위엄을 드러내기 위해 좋아하지도 않는 옷을 입어야 하는가?

40대의 내 고민은 바로 이런 것들이었다.

아무리 잘 어울린다 해도 슈트 따위는 입기 싫은데 어쩌면 좋을까!? 고민하는 동안에도 체형은 점점 무너지고 기미와 흰머리가 늘어갔다. 그러다 보니 대답은 분명해졌다.

'팔과 다리의 피부를 되도록 노출하지 말 것. 머리에 신경 쓸 것'

이것뿐이다. 이것만 지키면 나머지는 좋아하는 대로 입어도 그럭저럭 괜찮다는 것을 알게 되었다. 말하자면 신체적인 변화(노화)를 되도록 적게 노출하는 것이다.

탄력과 윤기가 없는 팔과 다리는 나이가 들면 노화가 가장 많이 드러나는 곳이다. 특히 팔꿈치는 뒷모습이기 때문에 스스로 눈치 채기 어려운데, 35세가 지나면 거의 모든 사람에게 '우메보시(소금에 절인 매실 장아찌)' 같이 쪼글쪼글한 주름이 생긴다. 혈관이 비치는 발등은 아래쪽에 있기 때문에 별로 눈에 띄지 않지만 너무 짧은 옷을 입으면 탄력 없는 다리의 피부가 두드러져 보인다.

외모가 늙는 것은 어쩔 수 없는 일이고 전혀 문제 될 것이 없지만, 젊은 사람들과 똑같은 옷을 입으면 노출되는 피부의 면적이 넓어진다는 점은 좀 곤란하다. 드러난 팔이 건조해 보이거나 숏 팬츠를 입은 무릎 뒤쪽으로 정맥이 비치거나 하면 아무래도 보는 사람이 불안감을 느낄 수 있다.

그렇다고 해서 '50대가 되면 모두가 맞춤 정장을 입어야 한다'는 뜻은 아니다. 입고 싶은 것을 입으면 된다고 생각한다.

다만 나이 든 티가 역력한 피부와 머리가 애처롭거나 안쓰러워 보이는 경우라면 입고 있는 옷과의 격차 때문에 '젊게 치장한 것'처럼 보이기 쉽다. 내면이 아무리 젊고, 젊은이 못지않은 정신을 가지고 있다 해도 겉모습이 생명력을 잃은 상태라면 내면과 균형이 맞지 않은 것이다.

'젊어 보이는 것'이 아니라 '젊게 치장한 것처럼 보이는 것'을 피하기 위해서는 노화가 눈에 띄는 부분의 면적(피부)을 줄이고 액세서리나 색채, 소재감으로 생명력을 보충하며, 모발 관리를 잘 하면 되지 않을까 생각한다. 그 부분만 신경 쓰면 젊은 사람과 같은 옷을 입어도 세련되어 보이고 위엄도 느껴진다.

50대가 되면 학부모회에 갈 일도 없어지고 시어머니 잔소리도 들리지 않게(듣지 않게) 되므로 오히려 제약이 줄어든다. 40대 때보다 훨씬 더 입고 싶은 대로 자유롭게 입을 수 있다. 50대부터가 더 자유롭게 멋을 낼 수 있는 나이가 아닌가 싶다.

나의 경우에는 아웃도어 쪽으로 관심이 바뀌면서 갖고 싶은 옷이 거의 아웃도어 의류다. 튼튼하고 실용적이어서 일상생활을 할 때는 거의 이것만 있으면 충분하다. 이렇다 보니 제일 곤란한 것이 가끔 있는 '옛 친구와 긴자에서 식사하기' 같은 상황

이다. 이를 위해서는 계절별로 2가지 정도의 패턴을 준비해 두어야 당황하지 않게 된다.

나는 옷이 많지 않아서 액세서리나 숄로 변화를 주며 그럭저럭 버티는데, 그 때문에 거의 모든 옷에는 무늬가 없다. 무늬가 있으면 코디할 때 어려울 수 있기 때문이다.

최근에는 행사가 있을 때 기모노를 입을 기회가 많아졌다. 멋 부리는 걸 귀찮아하는 나는 젊었을 때 열심히 배워 둔 기모노 입는 법의 기억을 되살려 앞으로는 명주 2개와 오비 2개로 돌려가며 입어볼까 생각 중이다.

그레이 헤어로 힙하게?
내게 맞는 스타일 찾기

성형이나 값비싼 화장품을 사용하면서까지 기미나 주름을 없애고 싶은 생각은 없다. 하지만 모발의 안티 에이징에 대해서는 신경을 좀 쓰는 편이다.

내 모발은 가늘고 탄력이 없으며 태생적으로 상당히 갈색이다. 중세 시대에 태어났다면 아마 엄청난 콤플렉스였을 것이다. 흰머리가 나기 시작한 것은 30대 초반이었지만 수가 많지 않아 특별히 신경 쓰지 않았다.

하지만 40대 후반 갱년기가 되면서 새로 나는 모발이 점점 가늘어지고 색이 더 옅어졌다. 탄력도 없어지고 앞머리에 보송보송한 솜털이 삐죽삐죽 일어나 머리를 자주 묶는 나에게는 참을 수 없는 존재의 거슬림이 되었다. 흰머리도 이마 쪽에 집중해서 났다.

최근 들어서는 점점 더 잔머리의 색이 옅어지고 흰머리가 많아졌다. 그대로 두면 이마 주변의 모발이 마치 투명하게 보여 얼굴 면적이 점점 넓어 보이고 얼굴 큰 아줌마가 되는 건 시간문제다. 그 때문에 좀처럼 미용실에 가지 않던 나도 요즘에는 흰머리 염색을 위해 자주 미용실에 가서 관리를 받고 있다. 수고도 들고 돈도 들고, 정말 귀찮다.

일본에서는 2018년 말쯤부터 여성을 흰머리 염색에서 해방시키자는 '그레이 헤어'가 큰 지지를 얻고 있다. 무리하게 젊었을 때와 같은 머리색을 유지하려는 노력을 그만두고 자연 그대로의 흰머리를 살린 헤어스타일을 즐기자는 움직임이다.

이 얼마나 좋은가! 내버려두었는데 곤도 사토(그레이 헤어로 유명한 일본 아나운서) 씨처럼 될 수 있다면 그 보다 좋은 게 있으랴.

하지만 내게는 무리한 희망이다.

젊었을 때, 고령의 여성이 흰머리를 블루나 보라색으로 염색하는 게 신기해서 미용사에게 물어본 적이 있다. 그러자 "깨끗한 백발을 원하는데 모두가 그렇게 되지는 않아요. 대부분은 누르스름한 백발이 돼요. 그런 분들이 깔끔한 느낌을 주고 싶을 때 청색 계열로 염색을 해서 보정하는 거예요."라고 말했다.

아, 나는 슬프게도 이쪽이다.

관찰해보니 그레이 헤어가 어울리는 사람은 태생적으로 모발 색이 까맣고 나처럼 이마쪽만 희끗희끗한 게 아니라 모발의 뿌리부터 끝까지 전부 하얬다. 또한 피부가 희고 검은 눈동자가 선명한 사람이 많은 것 같았다.

원래부터 미인이라야 그레이 헤어도 잘 어울리는 게 아닐까라는 생각도 든다. 그런 사람들과 담갈색의 백발이 되는 나를 같은 선상에 놓고 생각해도 괜찮은 걸까? 내추럴 메이크업, 내추럴 미인 등 무엇이든 내추럴이 좋다고들 말하지만 곧이곧대로 받아들이면 내 경우에는 마이너스가 된다.

현재는 질끈 묶은 머리의 뿌리색이 바래기 시작하면 한 달에

한 번 정도 흰머리 염색을 하고 있다. 타고난 모발 색에 맞추려면 염색약도 연한 컬러를 선택할 수밖에 없어서 색이 쉽게 빠져버리는 게 고민이지만 어쩔 수 없다.

미용실에서 염색하면 가격이 꽤 비싸기 때문에 가끔은 약국에서 판매하는 염색약도 쓰고 있다. 셀프로 염색하면 모발이 손상되기 쉬우므로 주의해야 한다.

머리숱이 많이 줄어든 이모와 어머니는 부분 가발을 가지고 있다. 가끔 가발 쓴 모습을 보면 놀랄 정도로 회춘한 느낌이다. 그들과 유전적 형질이 비슷한 나도 분명 머리숱이 줄어들 테니 참고할 생각이다.

자기 모발을 사용해 가발을 만들어 주는 서비스도 있다고 한다. 수술 전 자가혈을 보존했다 수혈하는 것처럼 면역반응(거부감)이 없기 때문에 좋은 방법이 아닐까 싶다.

'주변의 시선이나 기존의 상식, 타인의 강요에 따르지 말고 있는 그대로의 노화를 즐긴다'는 것이 그레이 헤어의 정신이다.

전적으로 공감하고 멋있다고 생각하지만, 내게는 맞지 않는 것 같다. 무엇보다 전혀 그레이가 되지 않는다. 염색을 해도 새

까맣게 되지 않고 너무 젊어 보일 염려도 없으므로 기운이 있는 동안에는 귀찮더라도 모발 관리만큼은 열심히 할 작정이다.

할 수 있는 일을 늘려가는 즐거움

아이들이 다 크고 시간적 여유가 생긴 탓일까? 지금까지 해본 적 없는 재봉과 간단한 수예를 시작했다.

손으로 하는 일에 관심이 많고 좋아하지만 타고난 손재주가 없는 나는 '핸드메이드 세계에 빠지면 할 일이 끝도 없지!'라며 여유 있는 사람들의 취미 정도로 치부하며 하고싶은 마음을 줄곧 덮어두고 살았다.

하지만 수선은 다르다. 고치면 아직 쓸 만한 물건을 빤히 보고도 버리는 것은 인의에 어긋나는 일이다. 구멍 난 양말을 (대충) 감치거나 낡은 셔츠와 원피스(옷의 가짓수가 적기 때문에 세탁을 자주 하다 보니 여름옷은 금방 낡는다.)를 리폼하는 것은 '호사스러운' 일이 아니다. 없는 솜씨지만 최대한 리폼해서 되도록 오래 입으려고 한다.

요즘은 편리한 리폼 키트와 제품을 많이 팔고, 인터넷상에도 다양한 리폼법이 올라와 있어서 나도 모르는 사이에 리폼할 것들이 점점 늘어갔다.

약간 찢어진 우산이나 밑창이 떨어진 신발, 방충망 교체, 헐거워진 냄비 손잡이 등 예전이라면 수선점에 맡기거나 전문가에게 의뢰하던 것들도 할 수 있겠다 싶은 것은 스스로 고친다.

내손으로 할 수 있는 일이 늘어나는 것은 기쁜 일이다. 물론 전문가에게 부탁하면 더 깔끔하게 완성된다는 것은 알고 있다. 직접 할 수 없는 것은 맡기기도 한다. 그래도 **내가 쓰는 물건을 내 손으로 고칠 수 있다는 것은 소소한 자신감이 되어 나를 지지해 준다.**

가끔 실수도 한다. 오래된 지갑을 염색하려고 피혁용 염료로 염색을 했는데 심하게 얼룩덜룩해져서 못쓰게 되었다. 염료를 사느라 손해가 생겼고 지갑은 버릴 수밖에 없었다. 하지만 이것도 공부.

지금은 무엇이든 인터넷으로 배울 수 있어 편리하지만 수선하는 법을 배우기에는 아직 충분하지 않다. 실제 눈으로 보고 방향이나 손의 움직임을 확인해야만 알 수 있는 게 상당히 많다. 직접 물건을 수선하면서부터 근처에서 열리는 강좌에 자주 참가해 부족한 지식을 보충하고 있다.

칼 가게에서 주최하는 칼갈이 교실이나 홈 센터에서 개최하는 바닥과 벽의 보수 강좌 등 조금만 신경 쓰면 무료 또는 저렴한 수강료로 들을 수 있는 것이 많다. 책이나 인터넷 정보만으로는 도저히 알 수 없는 내용도 전문 강사에게 물어볼 수 있으므로 추천할 만하다.

'리폼'이 즐거워지자 그 연장선으로 '만들기'에도 도전하게 되었다. 이 역시 시간의 여유가 생기고 '리폼'하면서 약간의 자신감이 붙은 덕분이기도 했다.

내가 집에서 항상 신고 다니는 천 슬리퍼는 땀이 차지 않고

착용감이 좋아 마음에 든다. 돈을 주고 살 수도 있지만 만들고 싶어서 도전해 봤는데 생각보다 재미있었다. 처음에는 서툰 솜씨에 좌우 크기가 안 맞았지만 몇 개 만들다 보니 점점 완벽해졌다.

리폼은 재료비가 거의 무료라는 것이 매력이다. 안 입는 옷을 되도록 길게 테이프처럼 자르고 비닐 로프를 심지 삼아 뜨개질하여 슬리퍼를 만들었다. 내손으로 만들어 애정이 가고 안 입는 옷을 재활용할 수 있어 더욱 좋다. 무명이나 삼베로 만들면 세탁기에 돌려도 되므로 항상 깨끗하게 신을 수 있다. 직접 만들 수 있어서 좋았던 것 중 하나다.

슬리퍼 만들기로 힘을 얻은 다음, 최근 양재 교실에 다니기 시작했다. 심지어 패턴부터 직접 그리는 정통 방식의 양재 강좌이다. 평소 직접 옷을 만들어 입는 이들을 보며 부러워했지만 중고등학교 가정 시간에 참혹한 실패작을 만든 이후로 나는 불가능할 것 같다고 단념하며 살던 참이었다.

그런데 언젠가 일 때문에 취재를 간 학교(도쿄의 자유 학원)에서 여학생들이 중학교에 올라가면 학교에서 입는 옷을 수업 시간에 직접 만든다는 이야기를 들었다. 학생들 모두가 직접 디자인한 옷을 멋지게 만들 수 있다는 것이다. 요즘에는 가정 시간에 옷 만들기를 다루는 비중이 줄어 옷을 직접 만들 줄 아는 이들이 많지 않은데, 참으로 귀한 수업이 아닐 수 없었다.

어른들이 말씀하시길 '옷의 구조를 알아야 내가 옷을 살 때도 좋은지 나쁜지 안다'고 하셨다. 그렇다. 만드는 법을 알면 나의 취향에 맞게 리폼도 할 수 있다. 이 기술은 평생 도움이 될 게 확실하다.

그래서 큰맘 먹고 양재에 도전했다. 하지만 재봉틀 사용법부터 난관이었다. 오랫동안 내가 해 온 실 거는 방법이 잘못된 것임을 알게 되었다. 수련 과정은 창피함의 연속이었으나 어찌 됐든 직사각형의 원단에 내 사이즈의 패턴을 만들어냈다.

직접 고른 원단으로 내가 좋아하는 디자인의 옷을 만들 수 있다니 요즘 같은 세상에 이 얼마나 호사스러운 일인가.

시작한 지 얼마 안 된 초보지만 집에서 입는 옷 정도는 직접 만들 수 있는 날이 곧 올 것 같다. 너무 기대된다.

최근에는 자전거 동아리 활동을 하는 딸에게 간단한 자전거

수리법을 배우고 있다. 그리고 자동차 관리 정비도 조금이나마 할 수 있으면 좋겠다. 산에서 나는 덩굴과 대나무를 이용해 바구니도 만들고 싶다. 하고 싶은 일이 점점 늘어간다.

할 수 있는 일이 늘어나는 만큼 불안은 줄어든다

손재주도 없으면서 왜 이렇게 여러 가지를 하고 싶어 할까? 그렇게 생각할 수도 있겠다. 나 나름의 큰 그림을 그리고 있다고 할까? 바로 미래(노후)를 위해서다. 이제 슬슬 연금 수급을 생각하지 않으면 안 되는 나이에 접어들었다. 그러나 들리는 것은 불안한 이야기뿐이다.

'95세까지 살면 ○천만 엔이 부족하다'라는 말을 들으면 당연히 불안해진다. 그렇다고 이제 와서 많은 돈을 모으기 위해 아등바등 살기는 싫다. 아이들 교육비와 주택 대출도 거의 끝났으니 앞으로는 최소한의 준비만 해두고 최대한 몸을 움직일 수 있는 동안 인생을 즐기고 싶다. 그러므로 과잉 대비를 할 생각은 없다.

그 대신 스스로 할 수 있는 일을 최대한 늘려 갈 생각이다. 만드는 것도 수선하는 것도 요즘은 뭐든 돈이 드는 시대이다. 하지만 직접 할 수 있으면 그만큼 지출은 줄어들고 생활의 만족감이나 즐거움은 오히려 커진다. 나머지는 건강만 잘 유지하면 어떻게든 되리라 생각한다. 어차피 100% 만반의 준비란 불가능한 것일 테니까.

2007년경, 치바의 산골 갤러리에서 열린 전시를 보러 갔다. 제목은 〈할아버지의 봉투〉. 디자이너 후지 사키코 씨의 할아버지가 80세부터 95세까지 집에 있던 파지를 이용해 만들었다는 수많은 봉투가 전시되어 있었다.

종이봉투와 전단지, 신문지 등 소재는 다양했다. 두꺼운 종이는 얇게 벗겨내고 구멍 난 종이는 때워서 애지중지 만든 다양한 봉투들은 신기하게도 따뜻한 표정을 하고 있었다.

할아버지가 처음부터 '작품'을 만들려던 것은 아니었다. 남는 시간에 소일거리로 그저 버려질 종이를 한 장 한 장 모아 어딘가에 쓸 수 있는 물건을 만들었던 것 같다.

기성 봉투처럼 예쁘지는 않지만 수천 장이나 되는 봉투의 일부를 보고 있으니 왠지 마음이 든든해졌다.

'아무리 나이가 많아도 할 수 있는 일이 있고, 할 수 있는 일이 줄어든다 해도 무엇인가는 남는다.' 나도 이왕이면 하나라도 더 배워서 마지막까지 내 손으로 할 수 있는 일을 할 생각이다. 그런 게 있으면 분명 불안함은 덜할 것이다. 아무튼 나는 돈이 있든 없든, 몇 살이 되든 마지막까지 인생을 즐기며 살고 싶다.

마감은 필요 없어, 할 수 있는 일로만 채우는 스케줄 노트

작년부터 스케줄 노트의 스타일을 바꿨다. 그전까지는 직접 만든 수첩이나 무인양품에서 파는 A5 수첩을 손수 커스터마이즈해서 사용했다.

'사는 동안 하고 싶은 일'을 대략 적은 후 그중에서 '올해 안에 하고 싶은 일' → '이번 달에 하고 싶은 일' → '이번 주에 하고 싶은 일'을 시기별로 쓴다. 그것을 '오늘 할 일'과 연동시키고 그 항목을 실행에 옮기면 선을 그어 지웠다.

일종의 역산 방식으로, 하고 싶은 일에 마감일을 정하는 방식이었다. 이런 방법으로 수첩을 활용해 일과 취미, 즐거운 모임 등 하고 싶은 일들을 많이 실천해 왔다.

하지만 갱년기 증상이 나타난 후, 전보다 실행력이 많이 떨어졌다. '이번 주에 하고 싶은 일'도 '이번 달에 하고 싶은 일'도 선으로 지우지 못하고 쌓이는 것이 늘어갔다.

수첩을 열 때마다 할 일들이 쌓여있는 걸 보니 내가 늙어간다는 생각에 씁쓸해졌다. 다음 주, 다음 달로 넘겨서 느긋하게 실천하면 된다고 생각하면서도 나도 모르게 스스로를 한심하다고 탓하는 마음이 생겨 점점 힘들어졌다.

체력에 맞춰 일도 조금씩 줄였고 아이들도 다 자라서 이전처럼 조급하게 지내지 않아도 된다. 이제는 수첩에 마감일을 적으며 살지 않아도 되지 않을까? 그런 생각이 들어서 시험 삼아 수첩의 스타일을 바꿔보기로 했다.

이전에는 '하고 싶은 일에 마감일'을 정하는 방식이었다면 이제는 더 이상 마감일을 정하지 않는다. '지금 할 수 있는 것만 제대로 하자'는 목표로 수첩에는 대략 1주일 이내에 할 수 있겠다 싶은 것만 적기로 했다.

'블록 위클리' 타입의 수첩을 사용했는데, 내용을 직접 쓰지 않고 작은 포스트잇에 써서 수첩에 하나씩 붙였다.

그 주에 하고 싶은 일을 포스트잇에 적고 페이지 앞쪽의 달력 공간에 다닥다닥 붙여 둔다. 전날 밤에 다음날 할 것을 골라 그날의 칸 아래쪽에 붙인다. 실행했으면 칸 위쪽으로 올려붙이고 미션 완료. 못했으면 다음 날 또는 할 수 있는 다른 날짜로 포스트잇을 옮겨둔다.

항목은 아래와 같이 포스트잇의 색으로 구분한다.

- 노란색 … 할 일
  (일반적인 to do / 청소나 계좌 입금 등의 허드렛일)
- 파란색 … 살 것
- 핑크색 … 핸드메이드, 리폼하기 등의 수작업
- 초록색 … 업무, 공부 등 나를 만들기 위한 작업

목표는 주중에 핑크색과 초록색을 조금씩 늘리는 것이다.

이 방식대로 했더니 '실행하지 못한 일' = 선을 긋지 못한 '하려고 했던 항목'이 사라지고 '실행한 일' = '날짜 칸 위쪽에 붙은 포스트잇'만 모이게 되었다.

그전까지는 '하려고 했는데 오늘도 못했다', '오늘도 아무 한 일 없이 하루가 가버렸네'라고 실망하는 일이 적지 않았는데, 이 방식대로 하니 아무것도 안 했다고 생각했던 것과 달리 이것저것 to do의 리스트를 처리하고 있다는 사실을 알게 되었다. 그 수가 결코 적지 않았다.

"뭐야, 생각보다 열심히 살고 있잖아!"

컬러풀한 포스트잇을 보면 즐거워지기도 하고 또 열심히 할 마음이 생기기도 한다.

사실 이 포스트잇 한 장 한 장은 정말 작은 일들이다. '청소' 하나만 해도 '청소기 돌리기', '세면실 거울 닦기', '베란다 낙엽 쓸기' 등으로 세분화해서 한 가지 작업의 장벽을 낮췄다. 그래서 포스트잇 수가 쉽게 쌓인다. **전체 작업량은 대단치 않아도 많은 포스트잇을 붙임으로써 스스로 용기를 북돋우는 것**이다.

핸드폰 스케줄 어플도 쓰지만 월간 단위의 대략적인 파악과 알람으로만 이용하고 있다. 스마트폰도 편리하지만 수첩은 1년을 전체적으로 파악하기 쉽고 페이지를 열 때마다 여러 개의 포스트잇이 나풀거리는 것을 보는 각별한 재미가 있기 때문이다.

'지금 할 수 있는 것만 제대로 하자'를 목표로 삼은 까닭은 언제 끝이 올지 모르기 때문이다. 나 역시도 언젠가 다가올 마지막 날이 눈앞에 어른거리곤 한다.

그런 탓인지 요즘에는 '핫플!'이라며 유행하는 장소에는 전혀 관심이 없고 '곧 문을 닫을 것 같은 추억의 가게'나 '재건축이 임박한 쇼와시대 빌딩' 같은 곳을 찾게 된다. 그리고 "옛날에는 이런 게 있었어!"라며 젊은 사람들에게 자랑하는 게 최근의 즐거움이 되었다.

'할 일이 쌓일 걱정 없는 수첩' 활용법

1. 작은 포스트잇에 그 주에 하고 싶은 일을 적는다.

   (to do, 살 물건, 수작업 할 것, 공부 등 3~4개 항목으로 분류한다.)

2. 수첩(블록 위클리 타입)의 달력 공간에 포스트잇을 붙인다.

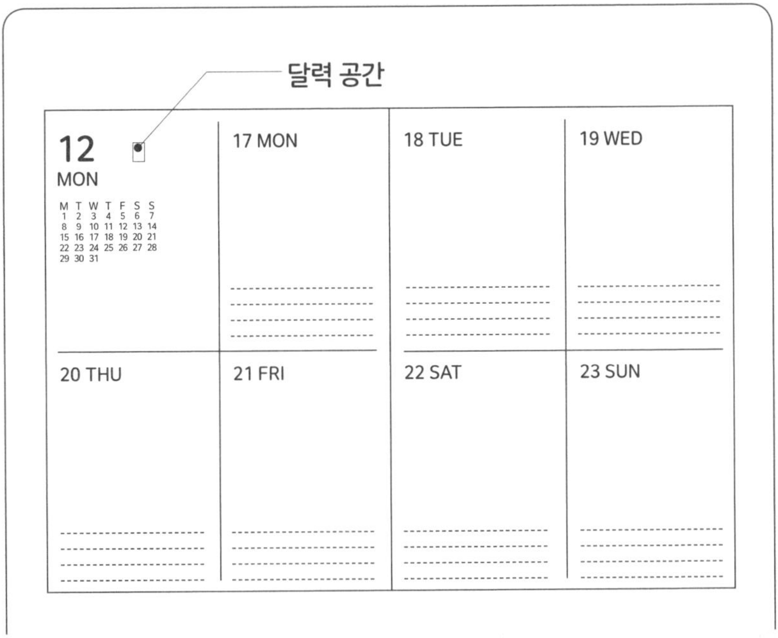

3. 2 중에서 다음날 할 일을 골라 그 포스트잇을 날짜 칸 아래쪽에 붙인다.

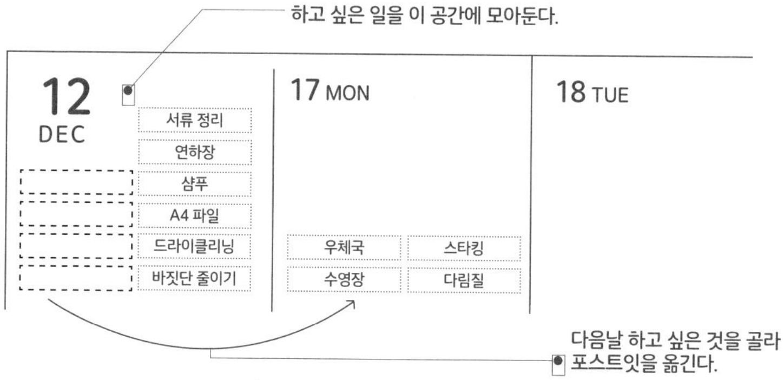

4. 실행했다면 포스트잇을 칸 위쪽으로 옮기고 완료. 못했으면 다음날 이후로 옮겨둔다.

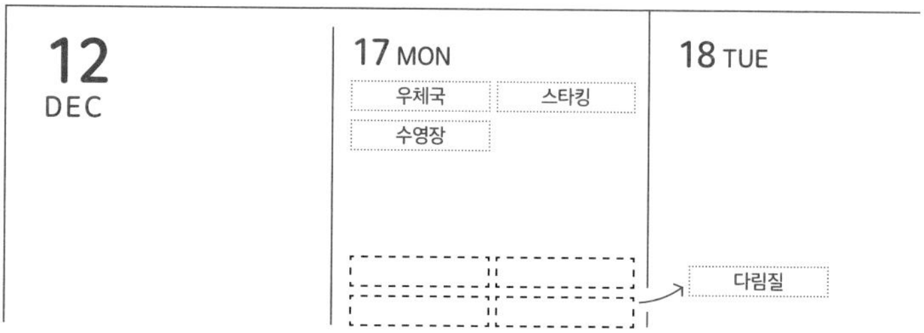

가족의 성장과 변화에 따라 집도 변해간다

독신으로 살다 결혼을 하고 아이가 태어나고 그 아이들이 커가는 과정에서 '어디에서 어떻게 살 것인가?'라는 집에 대한 생각도 지난 30년 동안 다양하게 변했다.

초기 (아이의 유아기)
- 가족이 다 함께 넓게 산다

- 24년 전 첫 신혼집은 40평방미터의 아파트
- 큰아이가 태어나면서 56평방미터 집으로 이사
- 큰아이가 만 5세가 되던 해에 82평방미터의 현재 연립주택으로 이사(이후 16년의 세월이 경과)

원래 3LDK(4평 방, 3평 방×2, 6평의 식당 겸 거실)이던 평면을 당시에는 '아이가 어릴 때는 넓게 살고 싶다'는 생각에 2LDK로 사용했다. 거실을 넓게 만들어 스펀지 공으로 테니스 놀이 같은 것도 할 수 있었다.

중기 (아이의 학령기)
- 피아노도 육아도 일도!

- 취미로 피아노를 즐기는 남편을 위해 친정에 있던 업라이트 피아노를 가져왔다(그때까지 쓰던 전자 피아노와 교환). 딸과 아들도 피아노를 배우기 시작하면서 집에서 피아노의 중요도가 높아졌다.

- LDK에 조립식 방음실을 설치하고 그곳에 피아노를 놓았다.
- 처음에는 가족이 다 함께 4평 방에서 자고, 3평 방은 나의 작업실로 썼다.
- 아이들의 책상이 필요해지면서 4평 방은 아이방, 3평 방은 부부 침실이 되었다. 내 작업실은 침실 안의 0.5평 남짓한 공간으로 줄었다.

처음에는 먹고 자고, 아이들이 놀 수 있으면 충분하던 집의 쓰임새가 가족에게 변화가 생기면서 조금씩 달라졌다. 남편은 일밖에 모르는 사람이라 야근하는 경우가 많았다. 그런데도 피아노 연주에 빠져든 건 일에 대한 스트레스를 잊을 수 있기 때문인 것 같았다.

힘들게 피아노를 옮겨왔지만 늦게 귀가하는 남편은 피아노를 칠 기회가 거의 없었다. 소음 장치를 부착하고 헤드폰을 끼고 쳐도 터치가 워낙 강해서 건반 치는 소리가 났기 때문이다. 그 소리가 신경 쓰였다.

그래서 LDK 안에 조립식 방음실을 설치하였다. DK는 좁아졌지만 문을 닫고 추가로 사일런트 기능을 사용하면 시간을 불문하고 피아노를 칠 수 있다. 이로써 남편도 아이들도 즐겁게 피아노 연주를 할 수 있게 되었다.

남은 건 4평 방과 3평 방뿐. 아이들이 자라면서 내 작업실은 3평 방 한쪽 구석을 유공 보드로 막아 만든 0.5평 남짓한 공간이 되어버렸다.

80㎝ 폭에 맞게 책상을 직접 만들고 책꽂이와 컴퓨터를 퍼즐처럼 집어넣었다. 움막 같은 작업실이라 나는 그것을 '업계 최고로 좁은 작업실'이라고 부르는데, 어쨌든 이렇게 해서 82평방미터의 우리 집은 가족이 단란하게 모이는 공간과 음악실과 아이방, 작업실까지 갖춘 셈이 되었다.

그렇게 한동안은 그럭저럭 지냈다. 하지만 결국 큰딸이 불평을 늘어놓았다. "더 이상 남동생이랑 한 방 쓰는 거 싫어!"

후기(자녀의 사춘기) ~ 현재
- 수납공간을 줄이고 아이 방을 2개로 나누다

- 4평짜리 방에 있던 드레스룸 벽을 철거하고 거주 공간을 넓혀 아이 방을 둘로 나누었다.
- 3평 크기의 침실 겸 작업실 공간은 그대로 사용하고 있다.

남매라서 언젠가 따로 방을 줘야했지만 이제 와서 방을 늘릴 수도 없었다. 그리고 어차피 앞으로 10년 쯤 후면 아이들은 독립할 테니 굳이 이사를 할 생각도 없었다. 방 하나(10평방미터 정도)가 더 있는 집을 얻으려면 신축이 아니라도 지금 우리 집보다 1억 원 가까이 비싸다. 그 돈이면 두 아이를 사립대학에 보낼 수 있다. 그래서 집의 구조를 조금 고치는 것으로 문제를 해결하기로 했다.

4평 방의 구석에는 1평 남짓한 드레스룸이 있다. 이 벽을 철거해 바닥 면적을 넓히고 한가운데 아코디언 커튼을 설치했다. 천장의 조명도 2개로 늘렸다. 한 사람당 2평 정도 공간이 되므로 책상과 침대, 책장, 작은 옷장이 들어갔다. 마치 학교 기숙사와 비슷하다. 집에서 독립해 나갈 때까지는 여기서 지내야한다.

공간은 한정적이다. 좁은 공간에 여러 개의 기능을 넣어 다소 불편하긴 하지만 수납공간을 없애고 방을 2개로 나눠도 쓸데없는 물건이 없으니 그럭저럭 지낼만했다.

돈도 한정적이다. 아이들 교육비와 여행 등 우리가 중요하다고 생각하는 것에 우선적으로 쓰고 싶다. 그래서 주거공간에는 가능하면 돈을 쓰지 않고 한시라도 빨리 대출을 갚으려고 노력했다. 아이들이 자라면서 변화가 생길 때마다 방 배치를 바꾸거나 부분 공사를 해서 견뎠고 간단한 수리나 페인트칠 등 우리가 할 수 있는 일은 직접 했다.

앞으로 몇 년 안에 아이들은 차례차례 독립을 할 테고 그러면 분명 허전할 것이다. 넓지 않은 이 집도 텅 빈 듯 느껴질지 모른다. 그때가 되면 이 집을 좀 더 외부로 오픈하는 것도 좋을 것 같다.

내가 자란 집은 옛날 농가 구조여서 넓은 '봉당'이 있었다. 바닥이 시멘트로 되어 있어서 농사일을 하다 진흙이 묻은 발로도 다닐 수 있었다. 테이블과 의자, 겨울에는 스토브를 갖다 놓고 그곳에서 식사도 하고 가벼운 손님 접대도 했다. 반은 집 안이고 반은 집 밖인 듯한 애매한 영역. 그게 무척 좋았다.

집의 일부를 신을 신고 올라갈 수 있는 봉당처럼 만들어 언제나 사람들이 편하게 찾아올 수 있는 집으로 만들면 재미있을 것 같다. 식물도 많이 가져다 놓고, 책장을 나란히 세우고, 작은 부엌도 만들고. 그런 생각을 하니 즐겁다. 이 꿈도 실현할 수 있으면 얼마나 좋을까.

4장

주변 사람들을 받아들이자

아이 이야기가 빠진 부부의 대화는 신선하다? 귀찮다?

일요일 오후에 남편과 둘이서 맛있다고 소문난 소바집에 갔다. 60년대 재즈 음악이 낮게 흘렀고 일본식 모던한 인테리어도 멋있었다. 먹음직스러운 소바면에 세련된 일품 요리. 사케라도 한잔 시키고 싶은 분위기(차가 있어서 못 마셨지만)였다. 참으로 오랜만에 느끼는 좋은 분위기였다.

문득 가게 내부를 둘러보니 우리 또래의 부부들이 눈에 띄었다. 자녀가 없는 부부도 있겠지만 자녀가 다 커서 패밀리 레스토랑이 아닌 이런 가게에 오게 된 우리 같은 부부도 있을 것 같았다.

자녀가 있는 부부의 경우, 아이가 어릴 때는 어디를 가든 무엇을 하든 아이와 함께 한다. 대화도 대부분 아이에 관한 이야기일 것이다.

하지만 아이가 크고 부부가 단둘이 보내는 시간이 늘면서 아이 얘기가 아닌 다른 주제로 대화를 하게 된다. 그것을 '신선'하다고 느낄 것인가, '귀찮다'고 느낄 것인가. 우리는 지금 그 기로에 서 있다. 어쩌면 가장 바쁜 시기를 지내왔을 자녀 없는 부부에게도 이런 시간은 똑같이 찾아올지 모른다.

가뭄에 콩 나듯 남편이 야근을 하지 않고 일찍 퇴근하는 날에도 아이들은 동아리 활동이나 아르바이트로 집에 없는 경우가 많다. 휴일에 다 같이 드라이브나 가자고 하면 아이들은 각자 선약이 있다며 따라나서는 경우는 어쩌다 한 번뿐이다.

부부 둘이서 외출할 때, 부부 둘만 집에 남겨져 있을 때, 아이가 빠진 대화에서 주로 서로에 관한 이야기를 하게 된다. 직장에서 어떤 일이 있었는지. 이웃에 관한 소식. 직장의 어떤 소문.

동네 상점가의 개업 정보.

이런 대화들 가운데 깜짝 놀랄 때가 종종 있다. 남편이 이런 생각을 하고 있었구나, 이런 걸 좋아했구나.

결혼한 지 24년이 되었지만 최근에서야 대화를 통해 서로에 대해 몰랐던 것이 많다는 사실을 알게 되었다. 아이를 키우느라 바빠서 자신에 대해 말할 기회가 의외로 없었던 것이다.

젊었을 때, 친구와 함께 오가사와라의 지치섬(도쿄도에서 남으로 약 1,000km 떨어진 서태평양의 제도)을 방문했을 때의 일이다. 요트항을 산책하다가 정박 중인 요트에서 나오는 한 여인과 이야기를 나누게 되었는데, 방금 하와이에서 도착했다며 나와 친구를 초대해 요트 내부를 보여주었다.

요트 내부는 좁지만 정리 정돈이 잘 되어 있는 아늑한 공간이었다. 커피와 연유를 함께 내오면서 "연유는 우유와 설탕을 대신해 짐을 조금이라도 줄일 수 있어요. 좁아도 필요한 건 전부 갖춰놔야 하거든요. 사러 나갈 편의점도 없고."

그 여인은 미소를 지으며 남편과 둘이서 요트 여행을 하고 있다고 했다. 확실히 모든 살림이 소형이었다. 이런 작은 요트로 태평양을 횡단할 수 있다니! 바다도 요트도 문외한이던 우리는 그저 감탄사만 연발했다.

"집채만 한 파도가 칠 때도 있잖아요? 그럴 때 가라앉거나 하지 않나요?"

"후후후, 의외로 그런 건 어떻게든 해결돼요. 그보다는 남편과 싸웠을 때가 더 큰 위기죠."

요트를 조종하려면 항상 둘이서 힘을 합쳐야한다. 태평양 한복판에서 둘 사이에 험악한 분위기가 조성되면 밖으로 뛰쳐나갈 수도 없고 난감하다. 유달리 사이가 좋은 부부임에 틀림없을 것이라 생각하며 친구와 나는 넋을 놓고 이야기에 빠져들었다.

그 후 나는 결혼해서 아이를 낳고 20년의 세월이 훌쩍 지났지만 지금도 가끔 그 요트에서 나누었던 얘기를 떠올린다. 때로는 큰 파도를 만나기도 했던 나의 결혼 생활이 태평양의 요트 여행처럼 생각되었다. 저울추처럼 배의 중심을 잡아주던 아이들이 없어지면 이 여행은 어떻게 될까?

한쪽은 중년 이후에 갑자기 아웃도어에 눈뜨게 된 아줌마. 다른 한쪽은 피아노와 바둑이 취미인 인도어 아저씨. 처음부터 성격도 취미도 본질도 전혀 달랐던 우리. 20년 넘게 같이 살았어도 그 차이는 전혀 좁혀지지 않았다. 부부 사이는 그런대로 좋은 편이라고 생각하지만 나중에 남편이 퇴직해서 24시간 같이 지내게 된다면 어떻게 될지.

그렇다고 남편이 나와 똑같이 되어주기를 바라는 것은 아니다. 나 같은 사람이 둘이라니 무슨 재미가 있겠는가. 애당초 나와 똑같은 생각을 가진 인간이라니, 생각도 하기 싫다.

원래 인간은 유전자적으로 가장 거리가 먼 상대를 배우자로 선택한다고 한다. 자신과 다른 요소가 많은 상대를 선택해야 다양한 환경에 적응할 수 있는 자손을 남길 수 있기 때문일 것이다. 부부가 사사건건 의견이 다른 것은 생물학적으로도 매우 합리적인 것이므로 어쩔 도리가 없다.

여행을 가면 나는 등산을 하거나 유적지를 구경하는 등 여기저기 돌아다니는 것을 좋아하는데, 남편은 온천에 몸을 담그고 느긋하게 쉬고 싶어 한다. 영화를 봐도 나는 SF나 판타지 요소가 강한 것을 좋아하고, 남편은 화려한 액션물을 좋아한다. 내가 즐기는 아웃도어도 남편에게는 고역일 수밖에 없는 것 같다.

하지만 식재료를 찾아다니며 드라이브를 함께 하고, 좋아하는 요리와 음악도 비슷해 맛있는 가게에 함께 가고 좋은 콘서트가 있으면 티켓을 두 장 끊는다. 가끔씩 함께 할 수 있는 상대가 있다는 건 역시 좋은 일이다.

부부의 형태도 다양하다. 나이 차이가 많이 나는 부부도 있고, 동성 부부도 있을 것이다. 세상에 흔하디흔한 것이 취향이 다른 부부의 이야기다. 함께 지내는 시간이 많아졌다고 해서 무엇이든 다 함께 할 필요는 없다고 생각한다.

기본은 **서로의 차이를 인정하고 각자 좋아하는 대로 행동하는 것이다.** 그러면서 **가끔 '함께' 즐길 수 있는 일을 찾아 관계를 지속시켜나간다.**

중요한 것은 그것을 잘 의논해서 서로 확실하게 해두는 것이다. 수십 년을 같이 살았다 해도 서로의 생각을 다 아는 건 절대 불가능하니까.

남편에게 생존 살림법 가르치기

남편과 함께 하는 시간이 많아지면서 남편이 하는 집안일에 대해 점점 신경이 쓰이기 시작했다. 앞으로 함께 할 날이 길 텐데, 내가 집안일의 대부분을 담당했던 지금까지와 똑같은 방식으로 사는 건 곤란하다.

남편이 머지않아 퇴직을 하고, 나이가 들면서 변화될 생활에 대비해 남편과 집안일을 공유하는 방법에 대해 고민해봐야 한다. 내가 아프거나 먼저 죽었을 때 아이들에게 신세를 지게 되는 건 최악이다.

남편이 집안일을 아예 안하는 것은 아니다. 내가 바쁠 때는 뭐든 해 주지만 어디까지나 구원투수에 지나지 않고 살림 솜씨도 형편없다. 만들 줄 아는 요리라고는 '채소볶음'과 '카레'뿐이고, 설거지를 하면 그릇 뒷면에 거품이 남아 있거나 마룻바닥이 축축이 젖곤 한다. 빨래는 항상 좌우 비대칭으로 말라 있다.

'이 정도라도 하는 게 어딘가'하는 생각에 잠자코 있었지만 (사실 가끔 불만을 표했다) 집안일이 이런 식으로 계속되니 스트레스가 쌓였다. 하지만 나 역시 바빴고, 남편의 야근이 줄지 않는 한 남편과 집안일을 대등하게 분담하는 것은 물리적으로 어려워보였다.

그렇게 지내다가 남편이 지방으로 전근을 하게 됐다. 혼자 지내는 남자들이 요리를 할 줄 몰라 외식만 하다가 건강이 나빠져 돌아왔다는 이야기를 가끔 들었던 터였다. 게다가 두 집 살림으로 이런저런 생활비가 늘어 집 밥으로 식비라도 줄여야 하는 상황이었다.

나는 남편의 전근 직전에 단기 특훈을 통해 간단하게 만들 수 있는 최소한의 요리 레시피를 알려주고 소책자로 만들어 가져가게 했다. 청소와 세탁은 그 다음 문제였다.

아이들은 집에서 아무것도 하지 않고 누워만 지내는 남편에게 "아빠, 영양부족과 먼지 때문에 병나는 거 아니야? 괜찮을까?"라고 걱정했다.

전근을 간 지 몇 달 후, 아이들과 함께 상황을 살펴보러 갔다. 조마조마한 마음으로 집에 들어서니 역시나 구석에 먼지 뭉치가 모여 있고 냉장고에는 마요네즈와 간장밖에 없었다. 그러나 생각만큼 심각하지는 않았다.

쓰레기를 쌓아두지도 않았고 밀린 빨래도 없었다. 셔츠를 다려 입지 않아도 걸어서 3분 거리인 직장에 가서 회사 근무복을 입으면 된다고 했다. 그리고 심지어 매일 집밥을 해 먹고 있었다. 주변에 가게가 별로 없어서 여간해서는 외식을 하지 않는다고 했다. 편의점 도시락은 원래 싫어해서 먹지 않는다.

집밥의 내용을 물으니 다음과 같았다.

아침 : 밥을 하고 채소 된장국을 끓인다. 고기와 채소를 잔뜩 넣고 볶는다.

점심 : 3분 거리인 직장에서 아파트로 돌아와 아침에 남은 음

식을 먹는다.

저녁 : 아침에 남은 음식이 있으면 그것을 먹는다. 없으면 생선구이와 냉두부 등을 만든다.

요리의 가짓수도 식재료의 종류도 적었지만 영양소 면에서는 그런대로 합격점이다. 건강도 나쁘지 않았다. 그곳에서 생활하는 남편의 모습을 보고 지금껏 살림 솜씨에 대해 박하게 평가했던 나를 반성했다.

아무것도 할 줄 모른다고 단정했는데, 집을 쓰레기장으로 만들지도 않았고 집밥을 해 먹으며 건강도 해치지 않았다. '생존을 위한 집안일'로서는 합격 수준이다. 이 정도면 내가 먼저 죽어도 그럭저럭 깔끔하게 살 수 있겠지. 나는 지금까지 남편에게 부당하게 고도의 능력을 요구했던 게 아닐까?

남편에게는 생존할 만큼의 집안일 능력은 있었다. 집에서는 그것을 행동으로 옮길 시간과 기회가 없었을 뿐이다.

남편의 경우 청소는 하되 가끔만 해도 괜찮다, 빨래는 하지만 다림질은 안 해도 괜찮다, 요리도 하는데 매끼 같은 메뉴라도 괜찮다.

그런데 나는 카레와 채소볶음 말고 다른 요리도 만들라고, 접시는 뒷면도 깨끗이 닦으라고, 바닥도 닦으라고, 내가 원하는 집안일을 남편이 (자발적으로) 하기를 바랐다. 하지만 그것은 (별로 높은 수준은 아니었지만) 남편에게는 '취미의 집안일' 영역이었던 게 아닐까?

지방 근무를 끝내고 남편이 집에 돌아온 후에도 여전히 집안일을 둘러싼 작은 전쟁을 치르곤 하지만, 이전보다는 확연히 줄어들었다. 남편과 나의 집안일에 대한 생각의 차이를 내가 이해하고 어느 정도 받아들였기 때문이다.

생각해 보면 남편이 나에게 집안일에 대해 불만을 표한 적은 없다. 그것은 나의 능력이 수준급이라 만족도가 높아서라기보다는 남편의 집안일에 대한 요구도가 원래 낮았기 때문이다. 그러므로 내가 지금보다 집안일의 수준을 낮춰도 남편은 불평하지 않을 것이고 어쩌면 눈치 채지 못할 수도 있다.

하지만 나는 남편과 같은 수준으로 (매일 같은 채소볶음) 생활하는 것이 즐겁지 않다. 그래서 나는 내 방식대로 집안일을 한다. 하지만 그것을 남편에게 강요하는 건 그만두었다. 이건 나만의 취미니까.

부부가 똑같이 집안일을 부담하는 게 가장 이상적이겠지만 두 사람에게는 각자 삶에 대한 다른 이미지가 있다. 아무리 서로 조율한다 해도 일치하기는 어렵다.

예컨대 원을 그린다면 '같은 크기의 원'을 그리지는 못해도 '동심원'(중심이 같은 위치에 있는 2개 이상의 원)을 그릴 수 있으면 괜찮지 않을까? 그렇게 생각하니 남편의 집안일에 대해 너그러워졌다.

남편의 집안일은 여전하고 자율성도 한참 떨어지지만 이전보다는 조금씩 횟수가 늘었다. 최근에는 설거지를 남기는 일도 줄어들고 있다. 뭐가 됐든 여러 번 해보면 점점 능숙해지는 법이다.

'내가 하는 것처럼 해주면 좋겠다'고는 생각하지 않지만 '남편이 나름대로 레벨을 높여주면 좋겠다'고 생각하며 말없이 지켜보는 중이다.

가족의 물건과 잘 지내기

남편이 얼마 전 나에게 "내 그 책, 어디 있는지 몰라? 안 보이는데 버렸어?"라고 묻기에 "그거, 여기 있잖아"라고 서랍 깊숙이 들어 있던 책 상자를 꺼내주었다.

"아, 다행이다. 급히 필요해져서 말이야."

그 상자의 책은 우리가 결혼할 때부터 있던 것이다. 이공계 대학 교재라 매우 낡았다. 우리 집 책장에서 상당한 공간을 차지하고 있던 그 책들에 대해 20여 년 전 남편에게 물었던 적이 있다.

"있잖아, 이거 아직도 필요해?"

"응, 필요해."

그렇게 대답은 들었지만 솔직히 남편이 그 책들을 읽는 걸 한 번도 본 적이 없다. 책장의 공간이 아까워서 말없이 상자에 넣어 벽장 안으로 옮겨놓았다.

이런 식으로 집 한쪽 구석에 옮겨 두는 경우는 있어도, 나는 기본적으로 남편 물건을 마음대로 버리지 않는다. 남편이지만 내가 아닌 다른 사람의 물건이므로 마음대로 처분하면 반드시 말썽이 생긴다. 그게 아무리 보잘 것 없어 보이더라도.

마찬가지로 아이의 물건도 마음대로 버리지 않는다. "이거, 필요해?"라고 반드시 물어 본다. 자식이지만 내 마음대로 처분할 권리가 내게 없으며, 그랬을 경우 아이들도 상처를 받는다.

가족이라도 내 것이 아닌 다른 사람의 물건은 별로 중요해 보이지 않는 법이다. 사용하지도 않고 아끼는 것 같지도 않은 물건이 방안에 쌓여있으면 공간 낭비로 보이고 스트레스가 쌓인다.

하지만 그렇다고 해서 양해도 구하지 않고 버리는 것은 좀 곤란하다. 물건은 단순한 물건이기도 하지만 한편으로 소유자와 한 몸이기 때문이다.

시력이 나쁜 사람에게 안경은 그 사람과 한 몸이다. 외출할 때 신발은 사람과 한 몸이다. 이 물건들은 문자 그대로 신체의 일부이며 그것 없이는 한 발자국도 움직일 수 없고 생활이 안 되기 때문에 필요한 것이다.

안경이나 신발이 없으면 곤란하다는 것은 누구나 알 수 있는 합리적인 이유지만, 이를 테면 빈 상자나 부서진 장난감처럼 쓸모가 없는 것일지라도 물건 주인이 "이건 필요해. 버리고 싶지 않아."라고 생각하는 한 그것 또한 그 사람과 한 몸일 수 있다.

타인(가족이라도)은 '왜 그런 하찮은 물건을 계속 가지고 있으려는 걸까?'라며 의아해한다. 그것들이 함께 사는 내 공간까지 침범한다면 불쾌감을 느끼기도 할 것이다.

하지만(한계는 있겠지만) **그 사람과 함께 산다는 것은 그와 한 몸인 물건까지 함께 받아들이는 게 아닐까.**

집안을 깨끗하게 한답시고 가족의 물건을 이것저것 닥치는 대로 버린다면 가족과의 관계까지 나빠질지 모른다. 한번은 텔레비전 프로그램에 출연할 기회가 있었다.

간단히 할 수 있는 정리정돈과 물건 버리는 법에 대해 잠깐 이야기를 나누게 되었는데, 그때 아나운서가 "가족이 물건을 버리지 않아 힘들 때는 어떻게 하면 좋을까요?"라고 물었다. "대화를 하세요. 마음대로 버리는 건 좋지 않아요."라고 말했더니 진행자 중 한 명이 "맞아요!"라며 격하게 공감하기에 조금 의아했다.

나중에 지난 기사를 보니, 그가 그 무렵 이혼을 했는데 아끼던 물건을 전 부인이 마음대로 버려서 부부 간에 다툼이 생겼다는 것이다. 그제야 그의 반응이 이해가 되었다. 마음대로 버리는 것은 좋지 않지만 물건이 너무 많아 생활에 지장을 준다면 곤란하다. 어떻게든 방법을 찾아야 한다.

아이의 경우라면 물건을 버리고 싶어 하지 않아도 부모가 어느 정도 타일러 관리할 수 있고, 어차피 아이는 언젠가 집을 떠난다. 독립해서도 여전히 본가를 물건 보관소처럼 이용하는 아이도 적지 않지만 그런 걸 두고 볼 마음은 없다.

그렇다면 남편이 문제다. 좁은 집에 물건을 쌓아두고 버리려

하지 않는 남편을 현실과 타협하는 선까지 설득해야한다. 감정적으로 대처하면 될 일도 안 되므로 대화는 냉정하게. 왜 그것을 버리기 싫은지, 가지고 있고 싶은지, 자세히 물어본 후 계속 가지고 있을 때의 단점에 대해 제대로 설명해야한다.

하지만 최종적으로 확답을 하지 않고 “그래도 버리고 싶지 않아!”라고 그가 우긴다면 어느 정도는 수용해야 한다. 물론 걸리적거리고 우울하다. 하지만 그것이 그의 일부라면 꾹 참고 받아들이는 수밖에 없다. 어쩌랴, 독을 먹었다면 접시까지 핥으라는 속담도 있지 않은가(나쁜 일에 손을 댔으면 끝까지 가라는 뜻).

너무 걸리적거리거나 집안에 두는 것이 어렵다면 몰래 상자에 넣어 다락이나 수납장 구석에 넣어두자. 보관 창고에 맡기고 임대료를 남편에게 청구해도 좋을 것 같다. 하지만 가능하면, 마음대로 버리는 일은 없도록 하자.

연로한 부모님과 존중하며 살아가기

내가 벌써 50대니까 부모님도 그만큼 많이 늙으셨다. 아버지는 10년 전에 돌아가셨고 어머니는 80대가 되었다. 어머니는 큰 병을 앓은 적도 없고 80대치고는 비교적 건강을 잘 유지하고 있다. 언변이 좋으셔서 지금도 우리와 말다툼을 할 때는 파이팅이 넘친다.

그렇다고는 해도 역시 조금씩 쇠약해져 가는 게 보인다. 원래부터 정리를 잘 못하는 어머니는 최근 들어 집안 곳곳을 청소하는 게 더욱 힘들어진듯하다. 어머니도 더러운 건 싫었던지,

고향에 살고 있는 조카딸(나에게는 사촌 여동생)에게 부탁해 가끔 도움을 받는 것 같다.

하지만 조카딸도 바쁜 몸이라 매번 부탁할 수는 없는 노릇이다. 마침 청소가 밀려 있을 때 내가 친정에 가면 어머니는 "저기 청소 좀 해, 여기 좀 깨끗이 치워."라며 시키곤 한다.

어머니 부탁이니 그 정도의 효도는 나도 기꺼이 하고 싶다. 하지만 청소를 하려면 근처에 지저분하게 널려있는 물건들을 정리해야 할 것이 아닌가. 그런데 내가 분류해서 정리하려고 하면 어머니는 단호하게 말한다.

"물건을 버리지 마! 넌 뭐든 다 버리더라. 다 필요한 거야. 정리는 안 해도 돼! 청소만 하면 돼!"

이 부분이 항상 나와 어머니가 싸우게 되는 지점이다. 옛날부터 알고 있었지만, 어머니는 '청소'와 '정리'를 완전히 혼동하고 있다. 어머니는 '지금 있는 물건의 위치를 절대 움직이지 말고 더러움만 없애주면 좋겠다'는 것인데, '그게 어떻게 가능해!?'라며 나는 항상 화를 내고 만다.

내가 정리에 관한 책을 쓰게 된 것도 그 시작은 어머니와 관련이 있다. 어머니는 새 것을 좋아해서 물건을 계속 사들이지만 막상 정리는 하지 않고, 물건이 늘면 수납공간을 늘리면 된다는 고도 경제성장기의 사고방식을 가지고 있다. 그 모습을 보며 집 안에 '물건이 많은 것이 싫다!'는 생각이 강하게 자리 잡았다.

어머니가 물건 두는 방법과 수납하는 방법은 다음과 같다.

- 항상 쓰는 물건은 최대한 꺼내놓아 찾는 수고를 줄인다.
  → 선반이나 테이블 한쪽에 약, 신문, 안경, 화장품, 문구, 서류 등이 분류되지 않은 채 늘어져 있다.
- 쓰지 않는 물건은 쓸모가 없어도 일단 수납장 속에 넣어 둔다.
  → 수납장 속에 쓰지 않는 물건이 가득. 막상 쓰고 싶을 때는 어디에 뒀는지 몰라 못 찾는다.
- 수납장이 꽉 차면 새 수납 가구를 산다.
  → 통일감 없는 어중간한 수납 가구가 늘어난다.

이렇게 쓰고 보니 친정집이 굉장히 지저분해 보인다. 하지만 강력한 어머니를 내가 이길 일은 평생 없을 것 같으니 친정집은 아마도 계속 그대로일 것이다.

예전에는 나도 물건을 줄이는 게 어머니를 위한 것이라고 생각해 내 맘대로 물건을 버리거나 치우던 때가 있었다. 하지만 그때마다 어머니는 심하게 화를 내며 "쓸데없는 참견이야!"라며 언짢아했다.

물건을 줄여 동선을 확보하면 안전할 테고, 안 쓰는 물건을 쌓아두는 것만 안 해도 생활공간을 좀 더 활용할 수 있고, 무엇보다 보기에 깔끔하고 예쁘지 않은가? 내가 틀린 걸까?

그렇게 어머니와 충돌해 오다가 오십이 될 무렵부터 어느 정도 체념의 경지에 이르렀다. 부모님을 대하는 방식도 나이에 따라 변하는 것 같다.

어렸을 때는 보호받는 존재인 동시에 부모님의 말을 따르지 않으면 안 되었지만, 성장하면서 점점 부딪히는 일이 잦아졌다. 마침내 내가 어른이 되고 부모님이 나이가 들면서 점차 부모님을 보호하는 입장으로 변했다.

이렇게 되면 과거에 부모님이 우리에게 했던 것처럼 지배적인 태도를 취하기 쉽다. 내가 어머니의 집을 치우려고 했던 게 바로 그런 것이다. 나는 어머니를 위해 좋은 일이라는 생각에 이것저것 계획하고 치우려 했지만 그것은 일종의 지배였을지도 모른다. 어머니는 그런 것을 바라지 않았던 것이다.

친정집은 어머니의 영역이며 어머니에게는 자기만의 편리함이 있고 미의식(?)이 있다. 그것이 아무리 이상하고 비합리적이어도 그 집은 그것으로 족하다. 거기에 약간의 청소만 도와주면 어머니는 충분히 만족한다.

내가 하려고 했던 것은, 아이가 하고 싶어 하지도 않는 발레를 배우게 하거나 입기 싫어하는 프릴 달린 드레스를 입히려는 것과 같은 욕심이었는지도 모른다. 어머니에게는 어머니가 사는 방식이 있다. 어머니가 자신의 생각을 표현할 수 있는 마지막 순간까지 거기에 끼어들어서는 안 된다. 나는 쉰이 되어서야 겨우 어머니와 나를 떼어놓는 법을 알게 된 것 같다.

다행히 시골이라 집이 엄청나게 넓어서 어머니가 정리를 잘 못하는데도 불구하고 어질러져 보이지는 않는다. 하지만 도시에 본가가 있는 사람들 중에는 부모님이 쌓아둔 많은 물건 때문에 힘들어하는 경우도 많을 것이다.

실제로 그런 고민을 하는 사람이 많고, 개중에는 상식을 벗어난 수준의 지저분함으로 곤란에 처한 사람도 있다. 그 원인이 치매라면 복지나 의료 전문가의 협력이 필요하다.

하지만 그게 아니라 단순히 성격이나 생활습관 때문에 자식들의 도움을 필요로 하지 않는다면 본가를 깨끗하게 하려고 과도하게 개입하거나 고민할 필요는 없지 않을까?

다만 우리도 수수방관만 하고 있는 건 아니다. 쓰지 않는 물건을 쌓아두는 어머니의 유일한 이유는 '아까워서'이다. 쓰일 곳이 있으면 모아둔 물건을 척척 내주신다.

여동생은 어머니가 모아둔 수건과 세제, 헌 옷 종류를 보면 "이거 좋은데! 내가 가져도 돼?", "마침 필요했는데 가져갈게."라고 말하고는 가지고 간다. 그리고는 바자회에 기부하거나 몰래 재활용 쓰레기로 내놓으며 어머니 물건을 조금씩 줄이고 있다.

이제는 어머니랑 싸우지 않고 '원한다면 얼마든지 가지고 계세요. 만족하며 사는 게 중요하니까. 돌아가시면 치워드릴게요. (대신 치우기 쉽게 슬쩍 줄여둘게)'라고 생각한다.

랜선 친구 슬기롭게 사귀기

50대가 되면 교우관계는 어느 정도 고정된다. 이웃과의 교제, 학부모들끼리의 교류, 소속된 단체나 서클 등의 교우. 젊었을 때와는 달리 새로운 만남은 별로 없고 지금까지의 연장선상에 있다.

'늘 변함없는 교제'라고 생각하다보니 나도 모르게 소원해지는 관계가 많아졌다. 소식도 메일이나 메신저로 알리는 시대이다 보니 근황은 알지만 실제로 얼굴을 보는 경우는 드물다. 최근에도 바로 근처에 사는 이웃과 길에서 우연히 만나 잠깐 이야기를 나누다가 반년 만의 만남이라는 사실을 뒤늦게 깨달았다. 편리한 시대이니만큼 따로 신경을 쓰지 않으면 점점 사람을 덜 만나게 되는 것 같다.

하지만 현재 국민의 70%가 이용한다는 SNS는 새로운 친구를 만나게 해주는 장점도 있다.

인간관계가 고착되기 쉬운 50대도 SNS를 하면 친구의 친구와 자연스럽게 친구가 되기도 한다. 친구가 쓴 글의 댓글 창에서 알게 된 사람과 자연스럽게 의기투합하기도 하고 실제로 만날 기회까지 생기는 것은 SNS의 재미있는 점이다.

“아무리 유명한 사람이라도 6명만 거치면 연결된다”는 말이 있다. 이를 테면 저명한 작가나 운동선수라도 ‘그 사람과 더 가까워 보이는 사람’, ‘더욱 더 가까워 보이는 사람’으로 찾아가다 보면 6명 째에는 그 사람의 ‘친구’에 해당된다고 한다.(실제로 교류가 있는 사람인지 아닌지는 모름) 그러니까 우리가 생각하는 것보다 사회는 좁고 다양한 사람과 알게 될 가능성이 높다는 뜻이리라.

나도 친구의 친구와 친구가 된 경험이 있다. 평범하게 살았다면 결코 만날 일이 없었을 것 같은 흥미로운 사람이나 완전히 다른 업종의 사람들이다. 이런 만남을 가능하게 하는 SNS는 정말 재미있다.

처음에는 SNS를 통해 만났다는 이유로 왠지 모르게 조심스럽지만, 실제로 만나 이야기에 열을 올리다보면 그런 마음은 사라져버린다. 어느 순간 "어? 이 사람과 언제 어디서 만났더라?" 하면서 만남의 계기 따위는 상관없이 좋은 관계가 된다.

SNS의 장점은 또 있다. 인간관계의 지층에 묻혀 있던 옛 친구를 만나게 된다는 점이다. Facebook에서 흔히 볼 수 있는데, '알 수도 있는 사람'이라고 표시되는 인물 중에 뜻밖의 그리운 얼굴이 나타날 수 있다. 초등학교 동창이나 이사하기 전의 단짝 친구 등 까맣게 잊고 있었지만 만나고 싶었던 옛날 친구들이다.

나도 이 시스템 덕분에 몇 명의 옛 친구들을 다시 만날 수 있었다. 그래서 내 Facebook에서는 매일 밤 동창회가 열린다.

아이를 다 키운 친구도 있고, 결혼을 졸업한 친구도 있고, 싱글을 구가하며 일이나 학문을 추구하는 친구도 있다. 과거 한 교실에서 공부하던 친구들이 수십 년이 지나 각자 다른 인생의 초가을을 맞고 있다. 가끔은 직접 만나 옛정을 나눈다. 이런 일이 가능하다니 좋은 세상인 것 같다.

하지만 SNS의 교우관계가 모두 핑크빛이라고는 할 수 없다. 옛 친구라면 별로 문제가 없지만 모르는 사람과 실제로 만나면 그것은 이미 실제 친구다. 인터넷에서는 보이지 않던 싫은 부분이 보이기도 하고 교제에는 반드시 책임이 생긴다.

가끔 메신저로 회의를 하던 중 이야기가 틀어져 잘 되고 있던 교류가 어색해지는 경우를 보게 된다. 어쩌다 이 지경이 되는 것일까?

기본적으로 SNS는 텍스트(문장)를 이용한 정보 교환이다. 말을 주고받으므로 보통의 회의와 다르지 않다고 생각하지만 그곳에는 많은 정보가 누락되어 있다.

표정, 목소리의 어조, 시선, 신체의 방향이나 움직임. 말은 때로는 반대의 의미를 가진다. 그것을 보정하는 것이 3차원 정보인데 SNS에는 그것이 반영되지 않는다. 영상 통화라면 어느 정도 보정될 수 있겠지만 그 역시 같은 장소에서 동시에 대화하는 실제 회의에 비하면 정보량이 압도적으로 부족하다.

'지금 이곳에 함께 있을 때' 정보량이 가장 많다. 특히 목소리의 톤도 표정도 없는 단순한 텍스트로는 자기가 말하고 싶은 것이나 상대가 말하고 싶은 것이 충분히 교환될 리 없다. SNS를 통해 알게 된 친구라도 실제로 만나는 것은 신중해야 한다고 생각하는 이유다.

나에게는 실제로 친구를 사귀는 것과는 다른 은근한 즐거움이 있다. '뇌내 동창회'라고 이름 붙인 놀이이다.

나와 같은 학년(나이)의 유명인들을 모아 상상 속에서 동창회를 여는 것이다. 나의 가상 동창생은 예전에 팬이었던 야쿠시마루 히로코, 아베 히로시, 데가와 테쓰로 등이다.

"히로코 짱, 피부 너무 좋다! 화장품 뭐 쓰니?"

"아베 짱, 아직도 전철 출입구에 이마 부딪치고 그래?"

"데가와 군, 이제 나이도 들었으니 너무 무리하면 안 돼."

연예계에서 활약하고 있는 '동창생'의 격려를 받으며 마음속으로 수다를 즐기고 있다.

나의 마지막은 내가 준비한다

"뭐? ○○가 죽었다고?"

"응. 나랑 XX랑 장례식에 다녀왔어."

"입원했다는 말은 들었는데, 세상을 떴구나……."

얼마 전 중학교 동창회에 갔다가 구석진 곳에서 이렇게 속삭이는 소리를 들었다. 50대에 접어들면 동년배가 세상을 떠났다는 소식이 하나 둘 들려온다. 100세 시대에 너무 빨리 떠났다는 생각이 들겠지만 일본인의 수명은 2차 세계대전 전만 해도 50세를 넘지 못했다. 장수사회라고 하지만, 동창생이 죽었다 해도 이상하지 않은 나이가 되었다는 것을 깨닫게 된다.

사람과의 교제 중 가장 마지막까지 남는 것이 자신과의 교제이다. 나도 슬슬 그것이 끝날 때에 대해 생각해야 할 시기에 접어든 것 같다.

40대까지는 장례를 어떻게 치를지, 묘를 어떻게 할지 따위는 생각도 하지 않았다. 눈앞의 생활과 아이를 키우는 일로 머리가 꽉 차 있었기 때문이다. 하지만 50대가 되자 죽음이 갑자기 현실성을 띤 테마가 되었다.

예전에 성묘하러 갔던 묘지에서 어느 구획에 '신규 구입 가능'이라고 적힌 팻말이 세워져 있는 것을 보고 깜짝 놀랐다. 그 묘지는 매우 오래된 곳으로 구석구석까지 묘석이 대규모로 빽빽하게 들어차 있었다. 그 팻말이 서 있는 장소는 양옆에 오래된 무덤이 즐비한 것으로 봐서 얼마 전까지만 해도 오래된 묘석이 있었을 것이었다. 신규로 구획을 만드는 것은 불가능해 보였다.

"아니, 여기 있던 무덤을 철거했다는 말이야? 무덤도 중고가 있어!?"라는 말이 나도 모르게 튀어나왔다. 주변에 있던 어른이

"관리비를 안 내고 일정 기간이 지나면 '이 무덤을 철거합니다' 라는 공지를 해. 그래도 관리비를 내지 않으면 무덤은 철거하고 유골은 합장되지."라고 알려주셨다.

무덤이라고 하면 '조상 대대의 묘'라고 새겨진 화강석이 떠오르고, 한번 만들면 영원히 남는 것이라 생각하던 나로서는 무덤이 사라진다는 사실이 충격이었다.

그러나 지금의 저출산 경향으로 보더라도 아이가 없는 부부는 앞으로도 늘어날 것이다. 아이를 낳더라도 해외로 이주하는 등의 이유로 자손들이 무덤을 관리하기 어려울 수도 있다. 다양한 가치관의 변화로 무덤 없는 사람은 앞으로 더 늘어날 것이다. 무덤이나 불단을 자자손손 계승한다는 것이 더 이상 현실적이지 않아 보인다.

애당초 일반 서민들이 집집마다 무덤을 갖게 된 역사 자체가 기껏해야 100년 정도밖에 되지 않는다. 내가 언제 어떻게 죽느냐 하는 것은 제쳐두고, 장례와 무덤도 내 뜻대로 하기 어렵다. 나는 애초에 특별히 이렇게 해줬으면 하는 바람도 없다. 최근에는 별도의 장례식 없이 바로 화장하는 직장(直葬)도 늘고 있다는데, 그렇게 해도 전혀 상관없다.

하지만 우리 부모님이 그렇게 원한다면 그대로 따를 수 있을 자신이 없고, 장례 지침이 없으면 남겨진 사람들이 곤란할 수도 있으니 가족에게 어느 정도의 희망 사항을 남길 생각이다. 현시점에서는 다음과 같은 희망을 가지고 있다.

· 현재로서는 장례의 1순위는 풍선장이다. (화장한 재를 풍선에 넣어 높은 고도까지 날린 후 성층권에서 파열시킨다. 재는 제트기류를 타고 지구 둘레를 돈다.)

· 75세가 되기 전에 죽는다면 그동안 신세 진 사람에게는 엽서 등을 통해 알려 주기 바란다. 들어갈 내용과 수신처는 작성해 둔다. 75세 이후에는 따로 연락할 필요 없다.

· 만약 기존의 장례 형식으로 화장한 경우, 유골이 남으므로 처리는 그 시점의 법률에 따르기 바란다.

오래된 무덤에는 나름의 운치가 있어 저명한 문화인의 무덤을 참배하는 것은 좋은 경험이 된다. 이런 분들이 무덤을 남기는 것은 후세에 도움이 된다고 생각한다.

그러나 내게는 묘석을 세워 내가 존재하였음을 세상에 널리 알릴만한 의미가 별로 없다. 오히려 가족과 후손에게만 내 인생을 간략하게 남겨 전하는 것이 친절한 일이 아닐까.

그래서 나는 묘석 대신 내 약력을 적어 남길 작정이고, 그것을 내 묘표로 만들고 싶다. 그것은 거의 이력서와 같은 양식으로, 감상적인 기술이나 미화는 피하고 동사와 명사로 사실만 쓰며 되도록 형용사나 부사는 배제할 예정이다. 가능한 것은 공적인 문서 등을 첨부할 예정이다.

특히 체질과 체격, 병력에 대해서는 자세하게 적어 자손들의 건강관리에 도움이 되었으면 한다. 데이터 상태로 저장해둬도 상관없지만 일부는 반드시 인쇄해서 서류로 남길 것이다. 어쩌면 종이가 더 오래 남을 것 같기 때문이다.

요즘 들어 죽음에 대해, 무덤에 대해, 구체적인 이미지가 떠오르게 된 것은 역시 가까운 사람들 몇 명을 앞서 보냈기 때문인 것 같다. 점점 나이를 먹고 죽음이 구체적으로 다가오자 오히려 두려운 마음이 줄어드는 것은 뜻밖이긴 해도 재미있는 현상이다.

옛날 쇼와 시대에 단바 테쓰로라는 배우가 있었다. 〈모래 그릇(砂の器)〉, 〈203 고지(二百三高地)〉와 같은 중후한 작품에 출연한 명배우였다. 그런데 왜 그랬는지 그는 심령 연구에 몰두하여 심령 책을 여러 권 내는 등 사람들을 즐겁고 신기하게 만들었다.

나는 그를 무척 좋아했지만 심령 연구에 대해서는 별로 믿지 않는다. 하지만 '나는 죽는 게 기대된다.'

5장

변화를 즐기자!

비워도 좋은 것과 계속 채워가야 할 것

요즘은 30세가 되기 전부터 '30세 전후', 40세가 되기 전부터 '40세 전후'라고들 표현한다. 그 때문에 20대 말에는 이미 30대가 된 것 같고, 30대 말에는 이미 40대가 된 것 같은 생각이 들어 실제로 그 나이대가 되어도 이렇다 할 감회가 없다. 40대가 되었다고 어떤 의식을 치르는 것도 아니므로 기본적으로 마음은 여전히 30대이다.

나 역시도 입으로는 "이제 마흔이야. 아줌마 다 됐어."라고 말하긴 했지만 솔직히 자각은 없었다. 아직은 진짜로 아줌마가 된

건 아니라고 속으로 믿고 있었다.

하지만 무딘 멘탈과 달리 피지컬은 정확하게 나이를 파악하는 것 같다.

나에게 최초의 변화가 찾아온 것은 42세 때였다. 그동안은 '아침에 일어나자마자 양치질하는 사람'을 이상하게 생각했다. 양치질은 밥 먹은 후에 하는 게 더 바람직한 거 아닌가?

하지만 어느 순간부터 갑자기 그 마음을 알게 되었다.

아침에 일어나면 입 안이 왠지 개운하지 않았다. 끈적거리는 것 같기도 하고, 건조한 것 같기도 한 불쾌감이 느껴졌다. 양치질을 하고 싶어졌다. 하지만 밥도 먹기 전인데 왜 그런 걸까?

이유를 모르고 지내던 어느 날, '양조장 견학'을 할 기회가 있었다. 일본 술의 제조 과정을 보는 것은 처음이었는데, 어마어마한 양의 찐 살과 커다란 탱크 등 흥미로운 것이 많았다.

그 때 양조장 책임자가 재미있는 이야기를 해주었다.

"니혼슈의 원형(原型)은 쌀을 입으로 씹어서 타액으로 발효시킨 것입니다. 이것은 예로부터 젊은 여성들이 하는 것으로 여겨져 왔죠. 지금은 이 제조법이 사라졌는데, 저희가 한 번 만들어본 적이 있어요. 그 때 젊은 여성뿐만 아니라 중년 남성에게도 시켜 봤어요. 결과가 어땠을 것 같아요? 여성이 빚은 쌀은 훌륭한 술이 됐지만 남성이 빚은 쌀은 모두 부패해버렸어요."

그러고 보니, 와인을 만들 때 포도를 발로 밟는 것도 젊은 여성들이 하는 것으로 정해져 있다. 술을 만드는 데는 여성이 적합하다는 것일까?

책임자가 이런 말도 덧붙였다.

"남성이라도 10세 이하의 남자아이가 빚은 쌀은 술이 되었어요."

그렇다면 술이 잘 발효되는 것은 여성이 빚어서라기보다는 '어린 혹은 젊은 사람이 술을 빚었기 때문'이 아닐까?

인간의 몸에는 엄청난 수의 균이 살고 있고 그것은 사는 곳이나 먹는 것, 나이에 따라 다양하게 변한다고 한다. 아기나 아이들에게서는 좋은 냄새가 나는데 그것은 어쩌면 젊은 사람의 몸에 살고 있는 균이 가진 특유의 향일지도 모른다.

'발효'와 '부패'는 모두 균의 작용에 의한 것으로, 두 가지를 구별하는 것은 오로지 '인간에게 도움이 되는가'의 여부이다.

젊은 사람에게 서식하는 젊은 균은 발효에 적합하고 나이 든 사람의 균은 부패를 초래하는 것일까?

본체가 늙으면 본체와 공생하는 균 또한 늙어가는 것이 도리이다. 아침에 일어났을 때 입안이 개운치 않았던 것은 내 입안에 서식하는 균이 변했기 때문이다. 그때 처음으로 나이가 든 탓이라는 생각을 하였다.

'(여자지만) 이제 나는 입으로 쌀을 씹어 술을 빚을 수 없겠구나……' 이것이 내가 아줌마가 되었음을 확실히 알게 된 첫 번째 사건이었다.

눈 하나는 좋았던 내가 시력이 나빠지기 시작하면서 돋보기를 맞춘 것도 이 무렵이었다. 즉, 나의 아줌마 제1기는 42세로, 당시에 시력은 노화됐지만 그 외에는 기운이 넘쳤다.

그리고 갱년기 증상이 시작된 것이 46세 무렵. 52세에 완경이 되면서 무기력함이 점점 줄어들더니 54세인 지금은 매우 좋은 상태다. 아줌마를 자각한 지 10여 년. 컨디션의 업다운은 있지만 점점 더 완연한 아줌마가 되어가고 있다.

아줌마 초기에는 아이돌 이름도 곧잘 외웠는데 이제는 내가 미처 외우기도 전에 아이돌이 사라져버린다. 유행하는 과자를 먹고 싶다는 생각도 들지 않는다. 이렇게 서서히 아줌마 색깔이 짙어지나보다.

가끔은 젊은 친구나 딸에게 최신 유행을 설명해 달라고 부탁도 하지만 금방 사라지는 유행물은 역시 젊은 사람들 몫이다. 재미있어 보이지만 진심으로 쫓아갈 마음은 들지 않는다.

아줌마 색깔은 앞으로도 점점 짙어질 것이고 나도 머지않아 할머니가 될 것이다. 하지만 캐시리스(Cashless) 경제와 IoT(사물인터넷), 재생 의료와 해양 플라스틱 쓰레기 같은 미래 사회에 대한 이슈는 열심히 따라가야 한다고 생각한다.

쫓아가지 못하는 사안에 대해서는 순순히 놓아버리겠지만 쫓아가야 할 테마는 놓치지 않고 할머니가 되어서도 따라잡을 수 있도록 노력할 것이다.

인생 2막?
그런 거 너무 믿지 말고
지금을 살자!

전철을 타거나 쇼핑을 하러 가면 낮 시간에는 고령자가 눈에 많이 띈다. 일본은 65세 이상의 인구 비율이 25%를 넘어선 초고령 사회다. '100세 시대'는 현실이 되어가는 듯하다. 하지만 그 말을 듣고 마냥 기뻐하는 사람은 없는 것 같다.

"은퇴한 후에 그렇게 오래 산다면 인생의 전반부 모두를 노후를 위해 일해야 한다. 우리가 노후를 위해 태어났는가?"

얼떨결에 장수를 하게 될까봐 모두가 두려워하고 있다.

도쿄공업대학 명예교수인 모토가와 다쓰오(本川達雄) 씨는 산케이신문 '100세 시대 프로젝트' 인터뷰에서 "50세 이후의 삶은 의료와 기술로 만들어진 특별한 시간"이라고 말했다.

포유류와 조류를 제외한 많은 생물들은 산란이나 출산 등의 세대교체를 이루면 곧바로 죽는다. 내가 잠자리였다면 새끼인 잠자리 유충을 보기도 전에 벌써 죽었을 것이다. 그건 가엾거나 별로 특별한 일이 아니다.

대뇌가 발달한 탓에 산도를 통과할 수 있는 크기일 때 엄마 뱃속에서 나와야하는 인간은 다른 동물에 비해 자립하는데 긴 세월이 걸린다. 복잡하게 발달된 인간 사회에서 살려면 성인이 될 때까지 부모가 도와주지 않으면 안 된다. 잠자리와 달리 인간의 부모는 자식이 홀로 설 때까지 살아야 할 필요가 있는 것이다.

하지만 모토가와 선생의 말처럼 50년의 인생이 지나고 나면 나머지는 '덤'이다. 아이들이 거의 성인이 된 나도 이미 덤으로 주어진 인생을 살고 있는 것이다. 덤이라고 해서 결코 '중요하지 않다'거나 '없어도 좋다'는 의미는 아니라고 생각한다. 오히려 덤이니까 더욱 진정한 삶을 살 수 있는 게 아닐까?

취업률이 높아진 요즘은 정년까지 일하는 여성도 많아졌다. 바쁜 일상을 사느라 정말 하고 싶은 일들은 미루어 온 사람도 많을 것이다.

"지금은 여유도 없고 무리야. 정년퇴직하면 인생 2막에서 이것도 하고 저것도 하자."라고 나름의 계획을 세우고 있을지도 모르겠다.

하지만 '인생 2막'이라는 단어를 들으면 나는 언제나 우리 집안 남자들이 떠오른다. 과묵하고 자상한 큰아버지는 성실하게 회사원으로 외길 인생을 사셨는데, "정년퇴직 후에는 아내와 여행을 다니고 싶다"고 말씀하셨지만 정년퇴직을 하자마자 쓰러져 돌아가셨다.

아버지도 정년퇴직 전에는 "퇴직하고 나면 농촌 곳곳에 있는 야불(野佛 : 들판의 길가에 세워 놓은 불상)을 보러 다니고 싶다"고 말씀하시곤 했다. 실제로는 정년퇴직 후 몸이 점점 안 좋아지더니 회복하지 못한 채 일흔을 앞두고 돌아가셨다.

인생이 아무리 길어진다 해도 내 발로 걷고 내 머리로 판단

할 수 있는 시간은 영원하지 않다. 체질이 비슷한 어머니를 참고한다면 내가 어느 정도 활발하게 활동할 수 있는 나이는 75세까지이다.

'인생 2막'이란 단어는 믿을 게 못 되는 위험한 말이 아닐까? 가장 믿을 수 있는 것은 눈앞에 있는 '지금'뿐이다.

나는 옛날부터 '미래를 위해 지금을 참자'는 사고방식이 정말 싫었다. '미래'라는 게 누구에게나 오는 것일까? 매일 아침 신문을 떠들썩하게 하는 끔찍한 사고나 재난 뉴스를 보면 그런 생각이 저절로 든다.

그렇다고 '지금만 좋으면 내일의 일 따위는 어떻게 돼도 좋아'라고 생각하지도 않는 현실적인 나는 항상 '지금'과 '미래' 사이에서 균형을 잡으며 살려고 애썼다.

하지만 '미래'의 잔고가 얼마 남지 않은 이제부터는 '지금'에 비중을 두며 살아도 좋지 않을까 생각한다.

40대까지는 '중도에 그만두는 일이 없도록 하고 싶은 일을 조목조목 써서 하나씩 이뤄가자.'라고 생각했다. 그래서 실현한 것도 아주 많다. 하지만 앞으로는 쉽지 않다는 것을 안다. 점점

'한계'가 보이기 때문이다.

가고 싶은 곳이나 하고 싶은 것을 한 가지 이루어내면 또 새로운 곳에 가고 싶고 하고 싶은 일이 생긴다. 인간의 욕망에는 한계가 없다.

반면 아무리 오래 산다고 해도 목숨은 유한하고 몸은 늙어간다. 돈도 무한하지 않다. 결국 아무리 오래 살더라도 하고 싶은 것을 다 이루는 것은 무리다.

'인생 2막'을 생각하는 것은 바쁜 나날을 보내는 중에 잠시 한숨 돌리는 용도로는 즐겁겠지만, 정말로 그런 날이 온다고 생각지 않는 편이 좋다고 생각한다. 내 힘으로 몸을 움직일 수 있는 지금, 경제력이 있는 지금, 50대야말로 진정한 '지금'이 아닐까?

지금과 미래에 걸쳐 있는 서핑보드 위에서 아슬아슬 균형을 잡으며 '지금이라면 할 수 있어!'라고 마음먹은 일부터 주저 없이 도전할 생각이다.

내 삶의 증거는 '지금 이 순간 내가 하는 일'

40대 후반쯤부터 친구들과 대화 중에 "내가 죽으면 아무것도 남지 않는다고 생각하니 허무해"라는 얘기가 간간이 나오기 시작했다.

"남편은 회사 일밖에 모르고, 아이들은 독립해서 집이 텅 비었어. 바쁘긴 해도 즐거웠던 육아 시절이 그립기도 하고 한 편으로는 내가 해 놓은 일이 없는 것 같아."

"일에 파묻혀 열심히 살아왔지만 정신을 차리고 보니 결혼도 출산도 놓쳐버리고 말았어. 부모님께 죄송했어."

"그렇게 훌륭한 가정을 꾸려온 당신이 왜!?"

"직장에서 인정받아 확고한 지위에 있는 당신이 왜!?"

라고 물으면서 깜짝 놀랐다. 인생 후반부가 되면 너 나 할 것 없이 '내 인생은 뭐였을까?'라며 과거를 돌아보는 때가 오는 것 같다. '그렇게 할 수도 있었는데, 그쪽으로 갔으면 좋았을 텐데'라는 후회가 밀려오는 것은 이제 돌이킬 수 없는 일이기 때문이리라. 나의 당돌한 아웃도어 지향도 그 표현일지 모른다.

60대나 70대처럼 인생의 끝이 보이는 나이대가 되면 자신이 살았었다는 증거를 남기기 위해 자서전을 출판하거나 이상적인 무덤을 만들려고 하는 사람도 있다. 그렇게 해서 마음이 안정되고 남은 인생을 마음 편히 지낼 수 있다면 아주 좋은 일이다. 하지만 실제로는 책도 무덤도 우리가 생각하는 만큼 오래 남지 않는다.

내 자식조차 앞으로 아이를 낳을지 어떨지 모른다. 내 DNA가 계속 이어지기를 희망하지만 아이의 인생은 어디까지나 아이의 것. 그다지 믿을 게 못 된다.

'누군가가 살았던 증거'는 눈에 보이는 형태가 아니라고 생각

한다. 과거의 위대한 인물 동상은 시대의 가치관이 변하면 쇠사슬에 감겨 끌어내려진다. 일생을 기록한 책도 그 사람을 기억하는 사람이 없어지면 하나 둘 사라지거나 폐기되고 깊숙한 곳에 파묻혀 펼쳐보는 사람이 없다. 자기 디스크나 크라우드 상의 데이터는 더욱 덧없는 운명을 맞을지도 모른다.

'살았던 증거, 내 삶의 증거'라는 것이 있다면 그건 바로 '지금 여기서 하고 있는 일' 속에 있는 게 아닐까? 우리의 행동 근원에는 '세상이 이랬으면 좋겠다'는 바람이 있다.

사람들이 서로 친절을 베푸는 세상, 노력과 정의가 보상받는 세상, 자유롭게 말할 수 있는 세상. 비록 현실은 그렇지 않다고 해도 그런 세상에 가까워지기를 바라는 마음이 우리의 행동 하나 하나를 결정짓는다.

현재의 행동은 순식간에 사라져버리고 형태로 남는 것도 아니며 현실에 반영되지 못하고 끝날 수도 있다. 하지만 우리가 행동했다는 사실 자체는 결코 사라지지 않는다.

'나비 효과'라는 말이 있다. 작은 나비 한 마리의 사소한 날갯짓이 돌고 돌아 큰 움직임이 되고 이윽고 기상까지 바꿀 수 있다는 일종의 비유적인 이야기이다.

우리 한 사람 한 사람이 열심히 살면서 돌이나 책에 이름을 새겨도 그 존재는 언젠가 세월 속에 묻힌다. 그래도 괜찮다. 우리는 잊히겠지만 결코 사라지는 게 아니다. 우리가 지금 하는 행동, 날갯짓은 반드시 어떤 형태로든 영향을 미쳐 세상을 바꿔 나갈 것이다. 우리가 원하는 방향으로 세상은 밸런스를 맞출 것이다. 우리가 비록 그 모습을 볼 수 없을지라도 그것이야말로 우리 삶의 증거라고 생각한다.

올 가을에 비 올지 바람 불지 몰라도 오늘 할 일은 잡초 뽑는 것이리.(작자 미상*)

* 일반에는 니노미야 다카노리의 노래로 알려져 있으나 실제로는 작자 미상.

유형의 물질로 '살았던 증거'를 남기려 하기보다 조금이라도 우리가 원하는 세상 만들기 위해 지금의 행동을 바꿔보자. 누구나 멋지고 후회없이 살 절호의 시간은 남아 있다.

"지금 이 순간".

가족과 함께여서 더 좋은 여행

나에게는 20여 년 전부터 품어온 여행 계획이 있었다. 그것은 프랑스 남동부의 도시 리옹 근처의 작은 마을 오트리브를 찾아가 그곳에 있는 '슈발의 꿈의 궁전(팔레 이데알 Palais Ideal)'을 보는 것이다. 20대가 끝날 무렵 이곳에 대해 알게 된 후 줄곧 가고 싶다는 생각을 했다.

하지만 일, 결혼, 출산, 육아 등 정신을 못 차릴 정도로 삶이 빠르게 변했던 터라 여행갈 엄두도 못 내고 세월만 지나버렸다.

아이가 어릴 때는 여행도 고생이다. 기저귀와 갈아입힐 옷을 산더미처럼 들고 이동하는 것도 고생이었고, 열이라도 날라치면 그 즉시 U턴. 내가 즐길 여유 따위는 거의 없었다.

하지만 이제 딸은 성인이 되었고 아들은 고등학생. 동아리의 자전거 여행으로, 산악부의 산행으로 각자 저희 좋을 대로 다니고 있다. 이제 나는 필요가 없다. 이런 날이 오기를 얼마나 기다렸던가!

갱년기 증상도 가라앉았고 더 이상은 미룰 수 없었다. 가려면 지금이 기회다. 그렇게 마음먹고 가족들에게 선언했다.

"엄마 여기 좀 다녀올게."

애초에 혼자서 갈 생각이었다. 오트리브는 리옹에서 버스를 타고 더 들어가는 교외의 작은 마을이라 접근성이 안 좋다. 나 말고는 아무도 흥미가 없다.(내가 좋아하는 것은 대부분 그랬다) 아무리 가족이라고 해도 이런 마니아적인 곳에 같이 가자고 할 생각은 없었다.

그런데 남편이 "어, 그때쯤이면 여름휴가를 낼 수 있을 것 같아."라고 말을 꺼냈다. 야근을 밥 먹듯 하고 단 하루의 유급휴가도 쓰지 못했으니 강제적으로 써야 하는 여름휴가 정도는 어디라도 좋으니 가고 싶은 듯 했다. (분명히 별로 안 좋아할 것 같은데……. 뭐, 어때. 혼자보단 둘이 나을지도.)

그러자 이번엔 딸이 "어머, 프랑스!? 나도 갈래. 그때쯤이면 아직 개학 전이야."라며 끼어들었다. 하지만 고등학생인 아들을 혼자 두고 가는 것이 내키지 않았다.

"넌 학교 가야지?"(아버지)

"저 2학기제라서 이때면 방학이에요."

아니, 가족으로부터 해방되어 혼자만의 여행을 만끽할 생각이었는데 뜻밖의 가족 여행이 되어 버렸다. 나는 오트리브만 갈 수 있으면 충분했지만, 가족 여행이라면 각자의 희망사항도 반영해야 한다. 남편은 바르셀로나에서 사그라다 파밀리아(Sagrada Familia)를 보고 싶어 했고, 딸은 파리에서 영화 〈아멜리에〉의 촬영지인 생 마르탱 운하를 보고 싶다고 했다. 아들은 어디든 좋으니 메이저 팀의 축구 경기장에 가고 싶다고 했다.

각자의 희망을 담은 우리만의 최저가 투어를 계획하기 위해 나는 그날부터 인터넷을 뒤지기 시작했다.

저렴한 항공권을 이용해 늦은 밤 이스탄불에서 환승을 거친 후 바르셀로나에 도착했다. 평소 꼭 가고 싶던 곳은 아니었지만 거리가 매력적이고, 맛있는 음식이 가득해 단번에 좋아하는 도시가 되어버렸다.

사그라다 파밀리아가 뭔지 전혀 몰랐던 우리도 그 웅장한 외관과 가우디의 정신 세계를 드러낸 신비한 내부를 보고 모두 감격했다. "여기 정말 오길 잘했어!"라는 가족들의 반응에 남편도 아주 좋아했다. 토목 관련 일을 하는 남편은 현장의 크레인과 메이킹 영상만 보긴 했지만.

열차로 국경을 넘어 도착한 파리에서는 딸과 아들이 지도와 지하철 노선도를 조사해 전부 길 안내를 했다. 표도 사서 각자에게 나눠주고 딸은 외국어를 잘해서 프랑스어로 표시된 것도 읽어주었다. 시키는 대로 따라하면 되니 편했다. '옛날에는 어딜 가려면 업고 안고 유모차를 탔었는데'라는 생각이 들어 감개무량했다.

그리고 나의 염원을 담아 찾은 '슈발의 꿈의 궁전'. 솔직히, 다른 가족들은 지루해할지도 모른다. 그래도 어쩔 수 없다. 따라

온 사람이 잘못이지.

슈발은 19세기 인물로 오트리브 마을에서 우편배달을 하였다. '꿈의 궁전'은 그가 자기 집 정원에 직접 건축한 기묘하고 화려한 석조 '궁전'이다. 세상 사람들로부터 눈살을 찌푸리게 했던 그 궁전은 세월이 흘러 나이브 아트(naive art : 전문 미술 교육을 받지 않은 작가의 작품)로써 그 가치를 인정받았고 슈발 사후에는 프랑스 정부가 관리하고 있다.

그 날도 각국의 호기심 많은 관광객들이 꿈의 궁전을 보러 와있었다. 나는 너무 기뻐서 혼자 여기저기 돌아다니며 들여다보고 사진을 찍느라 신이 났다. 그러다 문득 뒤를 돌아보니 의외로 가족들도 나처럼 즐기고 있었다. 항상 무표정한 아들조차 흥미로운 듯 궁전 안을 둘러보고 있었다.

"나라면 이런 데 올 생각은 절대 못 했을 거야. 엄마를 따라다니면 재밌는 곳에 갈 수 있다니까."라며 딸이 좋아했다.

아, 같이 오길 잘했다.

이래서 가족이 좋은 거지.

자신이 가고 싶은 곳만 가고, 하고 싶은 것만 한다면 귀찮은 일에 엮이지 않고 살 수 있다. 하지만 가족이 하고 싶은 일을 함께 하다 보면 세계가 넓어지고 새로운 것을 발견하게 된다. 그리고 서로 도울 수 있다. 더 이상 아이들과 이런 여행을 할 기회가 없을지도 모른다. 아마도 이것이 우리 가족의 졸업 여행이 될 터이다.

함께 여행은 하지 않을지 몰라도 가족임에는 변함이 없다. 앞으로도 재미있는 것을 나누고 서로 돕고 싶다. 이런 마음을 확인할 수 있었던 열흘간의 여행이었다.

산골 마을 할머니에게 배우는 '인생'이란?

몇 년 전 산나물을 캐러 어느 현(縣) 경계에 있는 고원에 간 적이 있다. 새소리가 요란하던 화창한 4월 하순이었다.

신록이 한창인 숲속의 깎아지른 듯한 경사면에서 굴러 떨어질 뻔하면서 고비와 산두릅을 찾아다녔다. 어느새 자루에는 산나물이 가득했다.

고원의 산골 마을에는 겨울철 눈의 무게로 무너진 폐가가 여러 채 있었고 과거에는 축제로 떠들썩했을 법한 사찰도 폐쇄되어 있었다. 이 지역은 폭설로 유명한데, 그중에서도 고도가 높은 이 마을은 유난히 눈이 많이 쌓여있는 것 같았다.

땀을 닦으며 잠시 쉬고 있는데 경사면 너머에서 카트를 밀며 걸어오는 할머니가 보였다. 산나물 캘 때 안내를 해주신 마을 출신분이 말을 걸자 할머니는 활짝 웃으며 우리 쪽으로 다가왔다.

"산나물 캐러 왔어? 매년 눈이 3m는 쌓여서 이맘때면 눈이 남아있을 때인데, 올해는 1m 정도밖에 안 쌓여서 나물캐기가 이르구먼."

그 분은 정원 일을 잠시 쉬는 동안 우리와 이야기를 나누었다. 1928년생인 할머니는 이 마을에서 자랐고 86세인 나이에도 혼자 사신다고 했다.

예전에는 마을에 50가구 이상이 살았고 초등학생도 150명 정도 되었다고 한다. 6형제로 자란 할머니는 어려운 살림에도 자상하신 부모님 밑에서 행복한 어린 시절을 보냈다. 당시의 심상소학교(옛날의 초등 교육기관)를 졸업한 후 국민학교 고등과와 청년학교에서 공부하는 등 당시의 여성으로서는 교육도 많이 받았다고 한다.

청춘시대를 암울하게 만들었을 전쟁이 끝나자 할머니는 마을 청년과 결혼해 가정을 꾸렸다. 눈이 많이 오는 산골 마을에서 아이를 기르자니 고생도 많았다.

"첫 아이를 낳은 것은 24살 때였어. 여기는 산 위라서 눈이 더 많이 쌓이지. 겨울에는 일이 없으니까 남자들은 돈 벌러 타지로 나갔어. 눈을 치우는 일은 물론 여자들 몫이었어. 눈이 쌓여도 아이들이 학교에 갈 수 있도록 '길 밟기 당번'이라는 게 있었지. 아침 등교하기 전과 하교하기 전에 학교까지 눈을 밟아 길을 내는 작업을 마을 사람들이 교대로 한 거야."

그런데 그녀가 50세쯤 되었을 때, 큰 변화가 찾아왔다.

"몸이 약했던 남편이 병에 걸려 일을 그만둬야 했어. 내가 가장이 되었지. 마을에는 일거리가 없어서 산 너머 펜션촌으로 가 주방 일을 구하고는 더부살이를 시작했어. 여름과 가을, 스키 손님이 오는 겨울에도."

할머니는 펜션이 있는 리조트 지역에서 혼자 지내며 열심히 생활을 꾸려갔다. 그런 생활을 계속하다가 십수 년 뒤에 남편을 떠나보내고 홀로 남게 되었다.

"겨울이면 다른 현으로 시집간 딸네 집에 가기도 했는데, 낮에는 다들 일하러 나가고 집에 아무도 없어. 친구도 없어서 줄곧 혼자였지. 그래서 여기로 돌아와 버렸어."

손자들이 어렸을 때는 여름이면 펜션처럼 왁자하던 산 위의 집도 손자들이 성인이 된 지금은 다시 적막해졌다. 하지만 딸들의 걱정을 아랑곳하지 않고 할머니는 산골 마을에서의 생활에 만족과 편안함을 느끼고 있는 것 같았다.

"여기서 사는 데 불편은 없어. 우유 한 병을 주문해도 배달해주지, 이동 판매하는 차도 오거든. 병원이나 관공서에 갈 때는 마을버스로 모아서 태워다 줘. 여든이 넘으면 무릎이 아프고 허리가 아픈 거야 당연한 거고. 그래도 우리 부모님 중에 내 나이까지 산 사람이 없었어(웃음)."

지팡이를 대신하는 쇼핑 카트에 앉으며 할머니는 온화하게 미소 지었다.

"아무것도 걱정 안 해. 나이를 먹는 것도 죽는 것도. 누구나 거쳐 가는 길인걸."

외딴 산골에서 들었던 한 여자의 인생 이야기.

굴곡 많은 인생을 살아왔지만 "아무것도 걱정 안 해."라며 웃는 할머니의 표정은 밝고 명랑했다.

인생은 사건사고의 연속이다. 그래도 용기 있게 맞서며 강하게 살아온 할머니. 눈 덮인 산골 마을에서 혼자 지내면서도 꽃을 심고 이따금 만나는 사람들과 대화를 즐기며 사는 모습을 보며 많은 생각을 하게 되었다.

자칫 길어질지도 모를 노후를 생각하며 이것저것 걱정하고 고민하지만, 일어나지 않을 수도 있는 불운을 지금부터 고민해봐야 방법이 없다. 다만 눈앞의 일을 담담하게 받아들이고 자신이 할 수 있는 일을 할 뿐이다. 모두가 거쳐 가는 길을 나도 가는 것이다. 그렇게 생각하니 왠지 마음이 환해졌다.

미래를 미리 걱정할 필요는 없어

동일본 대지진 이후 중단했던 고향의 산림 손질을 작년부터 시작했다. 이 산은 돌아가신 아버지의 유산이다. 지진 후의 혼란과 바쁜 업무, 갱년기 증상까지 겹쳐서 7~8년을 방치해두었더니 많이 황폐해졌다.

별장지처럼 아름답지는 않지만 나는 이 산에 가는 걸 좋아한다. 봄이면 애기나리와 금낭화가 피고, 위를 올려다보면 등나무꽃이 폭포처럼 쏟아져 내린다. 아름드리 거목이 된 산벚나무의 꽃잎이 떨어져 융단처럼 깔린 곳도 있다. 산에 흔한 산초나무를 뿌리째 뽑아 친구에게 주기도 하고 산초열매를 따서 간장 장아찌를 담그기도 한다.

청개구리와 달팽이, 예쁜 호랑나비도 만날 수 있다. 쥐구멍이나 토끼 똥을 발견할 때도 있어 다양한 생물의 기척을 느끼기도 한다. 나뭇잎 사이로 비치는 햇빛 아래서 부엽토 냄새를 맡으며 새들의 소리를 듣고 있으면 언제까지고 질리는 법이 없다. 갱년기 증상이 가라앉고 컨디션이 회복된 지금, 산에서 하는 일은 나의 은밀한 레저 활동이다.

이런 산속에서 혼자 톱을 들고 씨름을 하다가도 시간을 보려고 스마트폰을 꺼내면 SNS에 올린 친구의 근황과 뉴스 속보도 함께 눈에 들어온다. 내가 찾은 진귀한 식물을 사진으로 찍기도 하고 하루의 걸음 수를 확인하기도 한다.

이런 일은 내가 태어난 시절에는 생각도 할 수 없었던 일이다. 정말이지 최근 50년의 과학기술 발전은 놀랍다. 컴퓨터와 스마트폰 보급뿐만 아니라 최근에는 자동차와 가전 등 다양한 제품에 AI(인공지능)가 탑재되어 IoT(사물 인터넷)화가 놀라운 기세로 진행되고 있다.

친구의 친척이 근육병에 걸려 휠체어 생활을 하는데, 자동 운전 기능 덕분에 휠체어를 타고 이동할 수 있다고 한다. 청소 로봇이 바닥을 돌아다니는 집도 해마다 늘고 있다.

이전에는 “마음이란 게 없는 AI가 인간과 똑같이 섬세한 일을 할 수는 없을 것이다”라는 견해가 대세여서 나도 그냥 그런가 보다 생각했다. 아니, 그러길 바랐다. 인간에게는 인간만이 할 수 있는 일이 있고 그것은 좀 더 고상한 것이 아닐까 생각했다.

하지만 AI가 할 수 있는 일이 폭발적으로 늘고 작업 수준도 지속적으로 향상되고 있다. 노래를 부르고 그림을 그리고 소설까지 쓴다. 그런 모습을 보면 이제 인간이 할 수 있는 일 중에서 AI가 못할 일은 없지 않을까 싶다.

평균 수명은 100년으로 늘어난다는데 인간의 일자리는 AI로 대체되어 점점 줄어드는 게 아닐까? 우리는 무엇을 위해 100년이나 사는 것일까?

인간은 왜 AI를 만들어 냈을까? AI는 실수를 하지 않고 통증을 느끼지 않는다. 화를 내지도 않고 슬퍼하지도 않으며 질투나 후회 같은 것도 하지 않는다. 요컨대 괴로워하지 않는다. 인간은 온갖 괴로움에서 벗어나기 위해 AI를 만들었다. 그것은 훌륭한 성과를 올리고 있다. 세상의 고통이 정말 없어졌는지의 문제는 별도로 하고.

그렇다면 AI가 못하는 건 뭘까? 그것은 바로 '고통에서 도망치지 않는 것'이 아닐까 하는 생각이 들었다. 누구라도 그럴 테지만, 나도 물론 괴로운 것은 싫다. 아픈 것도 싫고 화나는 장면은 보고 싶지 않다. 누군가와 헤어지는 슬픔, 뛰어난 누군가와 비교될 때의 질투심, 그때 그렇게 할 걸 후회하는 마음, 가능하면 모두 피해가고 싶다. 덥지도 춥지도 않은 안전한 곳에서 맛있는 것만 먹고 즐거운 일만 하며 살고 싶다.

하지만 그것은 어쩌면 인간으로서의 삶을 포기하는 것과 같지 않을까? AI가 아무리 편리한 생활을 제공하더라도 아마 인간의 고통은 사라지지 않을 것이다.

지금도 모두 불안에 가득 차 있다.

갑자기 괴한을 만나면 어떡하지?

대지진이 또 일어나면 어떡하지?

연금이 모자라면, 정말로 100살까지 살게 되면 어떡하지?

인간의 욕망에 한계가 없듯이 불안에도 한계가 없다. 최후에 남겨진 인간의 인간다움이란 괴로움을 정면으로 마주하고 자신이 할 수 있는 일을 하는 것이라고 생각한다. 산 위에서 만났던 그 여성처럼.

50대, 앞으로도 여러 가지 일들이 많을 것이다. 그걸 생각하면 솔직히 나도 겁이 난다. 진짜 고생은 지금부터니까. 하지만 괜찮다. 내가 20년 전에 걱정했던 일 중 90%가 일어나지 않았으니. 그러니까 과도하게 두려워하지 않고 날아오는 공을 담담하게 되받아치면서 지금을 즐기며 살고 싶다.

그리고 인생을 마지막까지 똑똑히 지켜보고 싶다.

정상의 경치는 자기 발로 오른 자만이 볼 수 있는 것이니까.

나오며

50이 넘으니 이제야 나를 제대로 알겠네

얼마 전, 백화점 여성복 매장에서 함께 간 딸이 불쑥 말했다.

"어? 나, 다리가 얇아졌나?"

마음에 드는 옷을 입어 본 뒤였다

"음, 글쎄(웃음). 탈의실 거울 중에 좀 날씬하게 보이는 것들이 있어."

딸아이는 실망한 것 같았지만 거짓말로 기분을 맞춰주는 것이 무슨 소용인가?

진짜 모습은 원래 실망을 줄 때가 많은 법이다.

나는 키가 작고 다부지게 살찐 체형인 것을 옛날부터 스스로 알고 있었다. 하지만 최근에 와서야 내가 목이 짧다는 것을 깨달았다. 젊었을 때부터 깃이 좁은 옷을 입으면 답답해서 되도록 네크라인이 넓은 옷을 골랐었는데, 그건 내 목이 짧았기 때문이었나?

남에게 뭔가를 배우는데 서툴다는 것도 수영장에 다니면서 처음 알았다.

선생님 말씀을 못 알아듣기 때문이 아니라 선생님이 열심히 가르쳐주시는데 그에 전혀 부응하지 못하는 나를 참을 수 없었다. 그리고 나 때문에 기다리는 다른 수강생들에게 미안하기 때문이다. 결국 "이제 저는 안 가르쳐주셔도 돼요. 제가 알아서 할게요. 죄송해요."라며 도망치고 마는 것이다.

내가 수영을 할 수 있게 된 것도 기초반 강좌에서 배워서가 아니라 혼자 힘으로 시행착오를 거친 결과였다. 생각해보니 6년 채 안 되는 회사생활 이후에는 줄곧 프리랜서로 일해 왔다. 사람과 어울리는 것을 싫어하지 않는다고 생각했는데 실은 그렇지 않았던 모양이다.

텔레비전도 본방송은 시청하지 않지만 녹화해서 부엌이나 욕실에서 재미있게 보는 나 자신을 발견하고는 깨달았다. 나는 나만의 페이스가 무너지는 게 싫었던 것이다.

50이 넘어서야 간신히 그런 나의 본질을 알게 된 것 같다. 대부분이 실망스러운 것투성이였지만 그 중에서도 가장 실망스러운 것은 내가 스스로 생각했던 것처럼 강한 인간이 아니라는 것이었다. 갱년기 이후의 무기력함으로 그것이 확실해진 느낌이다.

하지만 "그렇다고 진짜 모습을 모르는 게 좋았을까?"라고 반문해보면 그렇지 않다.

진짜 모습이 아무리 엉망이어도, 어디가 엉망인지 알게 되면 앞으로 어떻게 하면 좋을지 대책도 세울 수 있고, 정말로 안 되겠다 싶으면 체념도 하게 된다. 날씬해 보이는 거울을 보며 만족하는 것보다는 훨씬 낫다.

아직도 나 자신을 충분히 알지 못한다. 지금 힘들다고 느끼는 부분, 잘 안 돼서 고민하는 부분이 내가 아직 모르는 부분일지 모른다.

그 점을 알게 되면 어떻게 하는 게 좋을지(또는 아무것도 하지 않는 게 좋다는 것도) 알게 될 것이다. 내가 원하는 삶은 '오더 메이드(order made)' 인생이다.

나만의 사이즈로 나만의 형태를 가진, 그 어디서도 팔지 않는 인생이다. 스스로 주문해 만들어진 인생이다. '나를 안다'는 것은 나의 사이즈와 모습을 안다는 것.

앞으로도 계속 실망하는 일이 생길지 모르지만 나에 관해 더 많은 것을 알게 되길 바란다. 그리고 세상에 하나뿐인 나만의 인생을 가질 수 있으면 좋겠다.